明代园记中的植物应用

王美仙　颜　祯　著

U0288770

化学工业出版社

·北京·

内容简介

本书选择园记书写形式成熟、数量最多的明代园记为研究对象，从植物应用视角切入，梳理明代园记中记录的植物种类、植物应用手法、植物与其他造园要素配置，总结其植物应用特征，并以明代园林相关画作为辅证，为读者较为全面地展现了明代园林中的植物应用，对园林设计相关的从业者和师生有一定的参考价值。

图书在版编目（CIP）数据

明代园记中的植物应用 / 王美仙，颜祯著. -- 北京：化学工业出版社，2024. 11. -- ISBN 978-7-122-46572-6

Ⅰ. TU986.62

中国国家版本馆 CIP 数据核字第 202471541S 号

责任编辑：孙晓梅 　　　　　　　装帧设计：溢思视觉设计/蔡多宁
责任校对：宋　玮

出版发行：化学工业出版社
　　　　　（北京市东城区青年湖南街13号　邮政编码100011）
印　　装：中煤（北京）印务有限公司
710mm×1000mm　1/16　印张10　字数145千字
2024年11月北京第1版第1次印刷

购书咨询：010-64518888　　　　　售后服务：010-64518899
网　　址：http://www.cip.com.cn
凡购买本书，如有缺损质量问题，本社销售中心负责调换。

定　　价：78.00元　　　　　　　　　　版权所有　违者必究

前言

  中国园林与园记有着密切的关系，名园常有名记。凡建园，园主人常自作记或请人作记，造园之思、游园之乐、赏园之景皆收入记中。将自己的情怀与抱负寄托于园林景色中，文因园而成。园记以其数量多和内容丰富的特点在中国古典园林文献中占据着重要位置，是园林文献的主体部分。随着岁月的流逝，一些园林盛景终究只是一时的，多少名园于历史长河中荡然无存或因易主而改变，唯有园记记录了它们曾经存在过的历史痕迹。明代王世贞在为《游金陵诸园记》作序时便言："洛中之园，久已消灭，无可踪迹，独幸有文叔之《记》以永人目。"陈从周先生认为中国园林与中国文学盘根错节，指出"白居易之筑堂庐山，名文传诵。李格非之记洛阳名园，华藻吐纳。故园之筑，出于文思，园之存，赖文以传，相辅相成，互为促进"。"文因园成，园借文传"之说清晰可见。由此可见，园记对于中国古典园林研究有着重要的史料价值，在还原园林原本风貌和再现当时园林建设方面有着不可或缺的作用。对园记进行研究，可以从记录的所思所想中了解当时园林的景观风貌和造园理念，感悟作记者所感。

  对于园林的记录起始于先秦，真正意义上的园记即记录园林的散文创体于唐，蓬勃发展于宋，至明代已发展成为一种成熟的书写形式。明代园记的书写形制和内容主要沿袭唐宋，即先大致介绍园林位置、园主和名称，然后或繁或简地描述园林景观，最后结合造园目的和园主的志趣讨论造园者的思想境界。明代园记数量庞大，远超前几个朝代。尤其是明代中叶正德、嘉靖以来，园林咏记纷繁，数量剧增，且每篇动辄数千言至万言，园记中园林理论成色加重，所涉及的内容也更为广泛，并开始关注人在园中的游览感受，对园林景观的描写以"游园"方式为主，为读者带来丰富的、身临其境的园林画卷。

  中国古典园林崇尚自然，而植物是中国古典园林中自然氛围形成的基底。中华民族起始于农耕文明，对植物也有着独特的情感，很早便将植物意象运用至文学作品中，借植物以寓情。《诗经》伊始便记载了丰富的植物种类和自然景观，如"蒹葭苍苍，白露为霜""桃之夭夭，灼灼其华""彼泽之陂，有蒲与荷"等。《离骚》也提及了一些观赏植物，如"朝饮木兰之坠露兮，夕餐秋菊之落英"中便提到了木兰和菊花。秦汉时期上林苑搜集栽种各地的嘉果名花上千；西汉袁广汉、东汉梁翼等也在其园林中大量种植奇花、异草、名树、芳藤。魏晋隋唐时期，庭院花卉观赏与栽培蔚然成风，晋代稽含的《南方草木状》记述了很多观赏花木；北齐贾思勰的《齐民要术》提到了梅、李、石榴、木瓜等花木的种植方法；隋炀帝即位后大兴土木建设西苑，并移植南方花木于苑中观赏；唐代的园林建设与赏花之风盛行，李德裕的《平泉山居草木记》便提及园中种植几十种奇花异草，段成式的《酉阳杂俎》也记述了多种花卉。宋代的造园赏花之风较前朝更盛，宋徽宗的艮岳网罗海内佳木名果，种类之丰宛若近代植物园；李格非的《洛阳名园记》中记载的著名花园有19处之多；欧阳修的《洛阳牡丹记》记载"洛阳之俗，大抵好花"。明清时期造园成为社会活动中最为流行的风雅时尚，园居生活的丰富也促进了园林文学的发展，园记等体裁的文学作品层出不穷。纵观文人名士所出的园记名篇，无不涉及丰富花木，或赞美摇曳树姿和芳馥花草，如张凤翼的《乐志园记》大赞其乐志园中牡丹花的灿烂："后为'牡丹台'，花时烂若张锦"以及文徵明在《王氏拙政园记》一文中赞美拙政园中的梅"花时香雪烂然，望如瑶林玉树"；或展开论述多样植物景观和舒适自然氛围，如唐汝询在《偕老园记》中记录了偕老园内的花木之繁："园之小不能三亩，栽竹半之。半植杂卉，菊又半之。杂卉之外，树橙橘、香橼之属，秋得其实，冬取其荫，望之森然。苍翠之色，掩映数里"。不大的园内，竹木花草果木占据了大面积园地，一眼望过去郁郁葱葱，一片绿意。

　　园记对中国古典园林研究有着重要的价值，从园记记录中可以帮助我们了解当时的园林景观风貌。其中明代园记文体成熟、园林景观描写丰富且数量最多。大多数园记研究集中于园林思想、园林生活、园林特点、园林空间、园林景观要素和园林复原等方面，中国古典园林崇尚自然，植物是形成中国古典园林自然底色的重要组成部分，而目前专门以植物应用视角展开的园记研究较少。基于此，本书选择园记书写形式成熟、景观描写内容丰富、数量最多的明代园记作为研究对象，从植物应用角度切入，梳理明代园记中的植物应用，并以明代园林相关画作作为辅证，力求较为全面地展现明代园林中的植物应用整体风貌。

目 录

第1章
园记和明代园记概述

园记以园林为记录主体，透过文字的描绘再现了某一时代的园林景观风貌，在漫长的发展中，其概念逐渐明晰，数量逐渐增加，类型日渐丰富，对园记的概念、数量、类型、研究进展进行梳理，可以更为清晰地呈现园记基本信息。

1.1 园记概述

1.1.1 园记的定义

中国园林经过几千年的沉淀，积累了大量的园林文献。其中，"园记"被视为记录园林的记体文归入"杂记文"之列。园记因数量较多，成为园林文献的主体。

园记的定义在文学研究和园林研究方面存在不同。在文学研究中，园记常被认为是描写园林景观、记述园林生活（包括造园活动），进而抒发园林生活感受的记体文。并在此基础上提出园林散文的概念，包括以记体、序体、赋体、书体等多种文体描写园林景致，反映园林生活并抒发情感的散文。在园林研究中，园记不受文体限制，涉及的范围更为广泛，将能够记录园林的建园经过、历史沿革、园林景观、造园思想和造园体验等的所有文体统称为园记。因此，二者侧重点不同，文学研究更看重园记文体的辨析，视园记二字中的"记"为记体文，更关注园记本身的文学价值。而园林研究集中在园记所记载的园林，视"记"为记录、记述等意，将与造园相关的文章类型都囊括在内，其收集数量更广，也让人能更全面地了解当时的园林建设情况。

1.1.2 园记的数量

园记的收集整理工作经过多年积累和研究者的不断补充，已经出版了包括《中国历代名园记选注》《园综》和《中国历代园林图文精选》（全五册）等多部内容翔实、参考性高的著作，此外还有不少学者在后续的研究中不断扩充园记的数量，已经形成数量庞大的园记文献研究储备。

《中国历代名园记选注》（1983年）由陈植与张公弛共同编著，共收录了57篇园记，以明清时期的园记居多。《园综》（2004年）由陈从周与蒋启霆共同选编而成，共收录了216位作家的322篇园记，以朝代时间为排列顺序，大体勾勒出了我国古代园林的发展轮廓。选录的园记时间跨度更广，新增了包括魏晋南北朝、金代、元代等朝代的园记。《中国历代园林图文精选（1~5辑）》（2005~2006年）分别由赵雪倩、翁经方等选编而成，共收录435篇园记。该系列书籍一共有五本，囊括了先秦时期到清代所有与园林相关的园记，文献的选择不拘泥于记体文，诸如《诗经》中的《淇奥》《灵台》，《周礼》中的《国有六职》等先秦文献，还有《史记》《后汉书》等历史著作中关于园林的部分皆有摘录，极大地增加了园林研究的古典参考文献数量（表1.1）。

表 1.1 《中国历代名园记选注》《园综》《中国历代园林图文精选》中的园记数量统计表

	朝代	数量（篇）
《中国历代名园记选注》中的园记	唐	4
	宋	10
	明	22
	清	21
	合计	57
《园综》中的园记	魏晋南北朝	3
	唐	8
	宋、金	41
	元	6

	朝代	数量（篇）
	明	77
	清	187
	合计	322
《中国历代园林图文精选（1~5辑）》中的园记	先秦	7
	两汉	14
	魏晋南北朝	22
	唐、五代十国	68
	宋、金	62
	元	14
	明	151
	清	97
	合计	435

园记在累年的研究中，经过历代学者在前人研究的基础上不断加以补充，呈现出数量增加和时间跨度增大两个特点。综合目前可查到的园记文献，共计约有1599篇（表1.2），历经先秦至清代。其中，明代园记数量最多，宋代次之，清代第三。

表 1.2 园记数量统计表

朝代	数量（篇）
先秦	7
汉	14
魏晋南北朝	22
唐、五代	194
宋	400
金	23
元	143
明	423

朝代	数量（篇）
清	373
合计	1599

1.1.3 园记的类型

中国历代园记浩如烟海，所运用的文体类型经过多年的发展类型繁多，记叙的内容非常广泛。总体来说，可以根据不同的文体类型、记叙内容、园林类型进行分类。

1.1.3.1 根据文体类型分类

园记文体种类较多，有记体、序体、赋体、跋体等多种类型，其中以记体、序体和赋体居多，因此对这三种形式的园记文献进行具体的叙述。

（1）记体

记体是我国古代的一种文学体裁，在我国古代散文中占据着举足轻重的地位，又被称为"杂记文"，萌芽于汉，发展于唐，繁盛于宋。明代吴讷在《文章辨体序题》中对记体文的定义为："大抵记者，盖所以备不忘。如记营建，当记月日之久近，工费之多少，主佐之姓名，叙事之后，略作议论以结之，此为正体。"可见，记体文主要是围绕一个现实客体进行描写，包括记人、记事、记物、记山水风景等，并结合客体进行议论和抒情。记体类的园记对园林记载较为翔实，尤其以明代园记为甚，如明代郑元勋的《影园自记》明代王世贞的《弇山园记》等，从园记中可以生动地体会到园林空间特征、环境氛围特征和造园者或记述者的造园及游园情感。

（2）序体

序体又称为"序文"或是"序言"，最早出现于秦汉时期，是一种依附于其他文体而存在的文体类型，包括代序、自序和增序等，主要用途为交代写作背景和目的、描摹自然景观以及抒发情感思绪。序体类的园记自魏晋南北朝之后逐渐增多，描写的内容开始注重山水自然风景的描写，如王羲之的

《兰亭集序》、孙绰的《兰亭诗序》、白居易的《池上篇序》。以园林为主的序体文主要包括两种：一种为诗集序、宴游序或议论序中涉及园林，如明代陈继儒的《园史序》，借用园林场景抒发"守园难"的思考，关于园林场景的描写相对较少；另一种则为记述园林的序文，如明代王思任的《记修苍浦园序》，以园林为主要叙述对象，详细地描绘了作者游园或建园过程，重点着墨于园林景观。

（3）赋体

赋体起源于先秦时期，于汉代发展为成熟且具有艺术性的文体类型。赋体擅长铺排景物，抒发情感，辞藻华丽，有大气之风，也是表现园林场景的一种书写形式。如汉代司马相如的《上林赋》，描写了上林苑的规模之大、物产之多、游猎之盛。除了汉赋外，伴随着魏晋南北朝时期山水审美意识的兴起，以园林山水为主体的赋体文也层出不穷，如潘岳的《闲居赋》、庾信的《小园赋》、谢灵运的《山居赋》、等，以对仗工整的赋体文铺排渲染园林居所的绮丽景致，内容翔实，给人身临其境之感，再现了当时的园林风貌。魏晋南北朝之后虽以记体文为园记的主要类型，但赋体文也依然并存，如明代唐寅的《南园赋》、穆文熙的《逍遥园赋》、俞允文的《会芳园赋》等。

1.1.3.2 根据记叙内容进行分类

园记的记叙内容主要包括对造园始末的介绍、对园林景观的描述和对平生之志或人生感悟的情感抒发。作者在行文中一般会将景观的叙述与情感的表达相结合，故根据情与景的表达偏重分为游览述景类和抒情咏叹类2种类型。

（1）游览述景类

游览述景类园记通常以园林景观为叙述的主体，以园林的空间布局和游览路线为行文线索，引导读者领略步移景异的园林美感，并对园内的建筑、山石、水体、道路、植物等节点进行细致描述，将园林景观再现于读者眼前。

大多数园记较为重视对园林空间布局的描写，如司马光的《独乐园记》细述了独乐园的景点布置方位："其中为堂，聚书出五千卷，命之曰读书堂。堂南有屋一区，引水北流，贯宇下。中央为沼，方深各三尺，疏水为五派，注沼中，若虎爪。自沼北伏流出北阶，悬注庭中，若象鼻。自是分而为二渠，绕庭四隅，会于西北而出，命之曰弄水轩。堂北为沼，中央有岛，岛上植竹，圆若玉玦，围三丈，揽结其杪，如渔人之庐，命之曰钓鱼庵。沼北横屋六楹，厚其墉茨，以御烈日。开户东出，南北列轩牖，以延凉飔，前后多植美竹，为清暑之所，命之曰种竹斋。"从文中可以看到中、东、西、南、北等方位描述词，景点之间的关系清晰可见，生动描绘了独乐园竹水相映、花药繁盛之景。

　　游览线路和园林景观描写也是园记不可忽视的一部分。以游览线路为线索，通过移步换景的手法串联园林景观的写作形式尤以明清为盛，明代王世贞所著的《弇山园记》详细介绍了自入门的"惹香径"至园中最胜处"西弇山、东弇山、中弇山"的线路，描述中既包括了具体方位，还介绍了景点间的距离，如"北亘数十百丈""其又坦上十步许"等，以步、丈等计量单位更为细致地表现了园林的布局和景观。清代申涵盼的《岵园记》以一段流畅详细的描写展示了其园林的游览路程："穿畦过径，出丛绿中，纡行至园。园前老桧成林，虬枝蟠结，乃因树为墙，芟其疏处为户。由户入，左偏柏八九株，击龙濯雾，枝环拱若盖，砌小台置石几一，台周种薜萝，萝丝上蟠，柔条下荫，盛暑坐其中，不见日色。又前为泊亭，亭四面皆窗，窗前遍树紫荆，灿若锦城。后临鱼池，左右间杂花木，由中望之，绿蔼红阴，依稀若镜。少宽转为曲径，径两旁牡丹百本，每盛开时，香风夹路，云蒸霞蔚。"文中"穿、过、出、行、至、入、转"等动词带有强烈的动态感受，既展示了作者的游园路线，又带领读者身临其境地体会到园林整体的空间布局和景观氛围，借作者笔墨入园，坐台静观，登台远眺，望园中的桧林、柏墙、牡丹花径、紫荆等自然之景，听鱼池潺潺流动的自然之声，悟明月时至、清风徐来、竹声梭梭的自然之姿，点滴词句便将园林景观描绘得淋漓尽致。

（2）抒情咏叹类

　　抒情咏叹类园记主要以情感表达为主，常见的书写方式为借景抒情，通常情与景的内容占比相当，也有情感描写远多于景观描写的情况。大多数的行文顺序以游园为起因，系统介绍自己的园林或他人的园林，由园林景观引出游园之感，借与园主人的问答对话，多表达造园者深居乡野山林的隐逸之情、静享自然风物的闲适之心、视名利为无物的旷达胸怀或是谪贬幽居的寂寥忧思。如明代刘基在《苦斋记》中写道："先生之言曰：'……今夫膏粱之子，燕坐于华堂之上，口不尝荼蓼之味，身不历农亩之劳，寝必重褥，食必珍美，出入必舆隶，是人之所谓乐也。一旦运穷福艾，颠沛生于不测，而不知醉醇饫肥之肠，不可以实疏粝；藉柔覆温之躯，不可以御蓬藋。虽欲效野夫贱隶，跼跳窜伏，偷性命于榛莽而不可得，庸非昔日之乐为今日之苦也耶……彼之苦，吾之乐；而彼之乐，吾之苦也'"。《苦斋记》记录的苦斋中植物选择以苦味为主，借味觉之涩苦和生活之清苦引出作者对"乐"与"苦"的思考。以园主人之口，阐述了乐苦相倚的矛盾思想，即常人道隐居修行者简衣缩食，受物欲不足之苦，但选择隐居者以简和苦为乐，对世人眼中的苦甘之如饴，以"苦"名斋，淡泊自若。

1.1.3.3 根据园林类型进行分类

园林按照隶属关系可以分为皇家园林、私家园林、寺观园林、公共园林等几种类型。

皇家园林即古代皇家所有的以游乐、狩猎、休闲为主，兼有举行政治活动、居住等功能的园林。该类园林的园记作者多为能进入皇家园林的文人士大夫。因其他人较少有机会接触到皇家园林，故皇家园林的记录与描写相对较少，只有少量关于皇家园林的园记留存，如明代官员韩雍所著的《赐游西苑记》，以游览的视角一一细述西苑的风采。

私家园林即除皇家园林外，属于王公、贵族、地主、富商、士大夫等私人所有的园林，属于有主之园，记录私家园林的园记通常会在文首或文末附上园林的归属者。此类园记的书写目的有两种：一种是记录自家园林的自记，如王世贞的《弇山园记》《离薋园记》等；另一种是受他人之邀而作的园记，如李维桢为李民部所作的《古胜园记》和为吴仁伯所作的《素园记》等。内容通常都为作者的游园所感，文首简要介绍园主、园林地点和造园缘起等基本信息，后以移步换景或白描的写作手法勾勒园中的景观，文末缀以园主对于园名的思考，传递园主为人处世的哲理与思想。

寺观园林主要是指佛寺和道观的附属园林，包括寺观的内部庭院绿化和外部环境绿化。此类园记标题常出现"某寺"或"某庵"字样，如宋代曹勋的《清隐庵记》和苏辙的《庐山栖贤寺新修僧堂记》等。也有以寺观中的堂、亭或者院为题的园记，如明代程敏政的《月河梵苑记》和王世贞的《复清容轩记》等。记录寺观园林的园记通常为作者前往园林进行游玩观赏，情至酣时或受人所托而记，一般起笔于寺观园林的地址，之后着笔于小桥流水、杉松竹箭等园中景观，后以游园之感、哲人道理或对禅宗和道教思想进行思考的人生感悟等文字结尾。

古代公共园林通常是指位于城市或城市近郊，为满足城市居民休憩交往和提供公共娱乐、各类集会活动的场所。公共园林虽不是中国古典园林体系中的主流类型，但这类园林具有公共开放性、可参与性和娱乐休闲性，在中国古典园林中留下深刻的烙印。作者会于文首或文末介绍该处园林的建造始末，赞扬修建者的执政能力和政通人和的清明政治风气。唐代白居易的《白蘋洲五亭记》记录了浙江湖州白蘋洲的一处公共园林，其友人杨汉公担任湖州刺史，在白蘋洲荒泽"疏四渠，浚二池，树三园，构五亭，卉木荷竹，舟桥廊室，泊游宴息宿之具，靡不备矣"，借其建此园林大赞杨刺史的为政清明，有优良的政绩。唐代欧阳詹的《二公亭记》记录了福建泉州东湖旁的二公亭，为纪念泉州太守席相、别驾姜公辅而建，借百姓自发建造公共园林夸赞席、姜二公为民所想、为民造福的政治理念和受百姓爱戴的情况。

1.1.4 园记的研究进展

1.1.4.1 国内研究进展

国内对于园记的研究主要集中于园记的发展脉络和书写样式、某朝代的园林特点总结、园林考证和复原研究、园林景观要素分析、园林活动与思想分析等方面。

（1）园记的发展脉络和书写样式研究

园记的发展脉络和书写样式研究有助于我们了解中国古典园林的发展和变化。赵卫斌（2009年）将记录文人园林和园林生活的赋体、序体、书体、记体等文体都统称为园林散文，认为园林散文从六朝时期开始兴起，梳理了自六朝至唐代的园记即园林散文发展脉络，并分析其对后世散文的影响。韦雨涓（2015年）对园记的描写、园林生活再现、造园史勾勒和景观命名方式的记录进行研究。李小奇（2016年）以唐宋时期的园林散文为研究对象，从史部地理类著作、子部类书和总集类著作中共收集唐代园记100余篇和宋代园记200余篇，梳理了唐宋园记书写内容和书写样式的流变。高培厚（2020年）分析了明代园记书写方式的演变，认为明代的园记书写继承了魏晋、唐宋以来的体例布局，并将叙述角度由静转动，同时与园图、园诗的结合更加密切，深刻探讨了园林文学在园林传承中的不朽价值。

（2）园记记录的某时期园林特点总结

园记中记录了大量的园林，不同时期的园林常具有各自的风格特点，一些研究通过对大量园记的归纳或对单本代表性园记进行深入分析，总结出某时期的园林风貌和园林特点。

有些研究以大量园记整理为基础，总结某一时期的园林特点。魏丹（2010年）通过园记梳理唐代江南地区园林的源流，客观展现出唐代江南园林的风貌，同时肯定了园林文学的价值。张鹏（2016年）整理了现存宋代古籍中的园记，对宋代文人在园林中形成的多元化审美和宋代园林的理法进行分析，构建出丰满多元的宋代园林形象。朱蒙（2016年）对《园冶》《长物志》及其他明代园记进行梳理，总结分析明代文人园林的造园原则、造园手法、造园理论，客观展示了明代文人园林的风貌。康琦（2019年）以收集到的400篇两宋私家园林的园记为基础，总结出两宋私家园林的造园风格，且发现其存在明显的流变现象，通过对两宋的社会背景和文化背景的考察，剖析两宋私家园林造园风格流变的动因。

有些研究以单本代表性园记为基础总结园林特点。张瑶（2014年）以北宋李格非所著的《洛阳名园记》为研究对象，详述了园记的历史背景，考证了园记中所记载园林的园主、园址、园林规模、园林布局等，总结归纳了北宋时期特有的造园手法和审美趋向。王珂（2018年）以南宋周密所著的《吴兴园林记》为研究对象，详述了园记的成文背景，从园林类型、造园要素、园林活动、园林功能进行分析，总结了南宋私家园林的造园思想和手法，并与《洛阳园林记》进行了对比，探讨北宋中原园林和南宋江南园林的不同。沈超然（2019年）以明代祁彪佳所著的《越中园亭记》为研究对象，分别探讨了晚明时期绍兴造园的兴起和园记的书写、园林的分布和造园家族，结合园记中的名园实例，从山石、理水、建筑与花木等方面分析绍兴园林的意匠特征，肯定了其在江南园林中较高的造园水准。

（3）园记中的园林考证和复原研究

园记中通常蕴含着丰富的园林营建信息，包括园址所在地、园主身份、园林建造时间、园林空间布局和景观营造等，为园林的考证和复原研究提供了重要的参考价值。鲁安东（2011年）在明代拙政园信息复杂且不准确的情况下，提出了示意性平面复原的园林复原方法，为后续的园林复原研究提供了参考。王相子（2012年）以346篇园记为研究样本，对历代园记中现存的古园或者残存的古园遗址进行实地考察和测绘，复原了59篇园记中描绘的园林，绘制其复原的平面图和鸟瞰图。林源等（2013年）对苏州艺圃的复原研究也采用图文互证的方式，推导了文震孟药圃和姜埰艺圃的复原平面示意图。王笑竹（2014年）以《弇山园记》为依据，按照园记中描述的行进顺序重组景观单元，绘制结构拓扑图和弇山园重构平面图。赵晓峰等（2018年）以《涉园记》《涉园图记》《游张氏涉园废址记》为依据，以游线和分区的方式绘制复原平面示意图。邱雯婉等（2019年）以《学山记序之序》《学山纪游》《学山题咏》为基础提取空间、游线和景点信息，采用分区复原再组合的方式绘制了学山园的复原平面示意图。

（4）园记中的园林景观要素分析

园记中所记载的单个园林景观要素主要有水景、山石、建筑、植物，也是研究关注的重点。

① 以水景、山石为研究对象：尚玥（2015年）以明代园记中的水景为研究对象，综合讨论了明代中后期江南园林的水景营造方法。李牧歌（2015年）依据《玉女潭山居记》，研究其水景空间，总结水景造园的形式。杜春兰和杨黎潇（2018年）根据唐宋园记的记载，探讨唐宋理水的特征。秦柯（2017年）以祁彪佳的《寓山注》为对象，从对寓园的改造中探讨张铁凡叠山的造园风格和特点。

② 以空间、建筑、构筑为研究对象：李久太（2012年、2016年）以园林空间为研究对象，以空间印象视角研究明代园记，探索其空间原型、模型、

模式等。马一凡（2017年）根据《影园自记》和《园冶》的描述对影园的窗户样式进行了复原。张钤（2020年）依据《影园自记》研究影园内部建筑，合理化内部建筑空间布局并还原园记中的场景。

③ 以植物为研究对象：杨晓东（2011年）以园记为基础，总结了明清时期文人园林中花文化的物质层次表现，整理了相关的植物种类和使用频率。王笑竹（2014年）在对《弇山园记》的复原研究中，对园记中提到的35种植物及其配置应用进行整理，并对植物空间营造进行详细分析。康琦（2019年）从宋人的植物欣赏、植物应用种类、种植方式、种植技术等方面分析了两宋期间的植物造景特征。贾星星等（2021年）结合明清园记、园图等文献材料，梳理了"花屏"的多样形式、功能和造景手法，并分析其历史发展和原因。

（5）园记中的园林活动与园林思想分析

园记记录了园主人的园居生活、游园感想和人生感悟等。园林活动与园林思想的分析通常密不可分，通过对园林活动的行为表象推导和判断园林思想的精神内涵，二者综合形成具有时代特色的园林文化。因此，园记研究为探究当时文人的园林活动和园林思想提供了多样的参考材料。

一些研究以某代表性园林中的园林活动为切入点，以小见大，通过其园林营建，探讨其所蕴涵的园林文化。魏君帆（2017年）以独乐园为例，总结了独乐园中的园居生活，总结分析北宋洛阳文人园林的艺术特征与思想内涵。王家奇等（2021年）依据园记《寓山注》和园图《寓山园景图》等分析寓园的建园活动和园林景观，并就此分析寓园所蕴含的人文特色。王鑫宇等（2021年）以古漪园和《古漪园记》为研究对象，对古漪园的园林构建进行深入分析，同时探讨了古漪园的造园思想。

还有一些研究以园林思想为视角，探讨特定时代的园林文化内涵。魏士衡（1994年）等对《独乐园记》进行分析，以"独"和"乐"两点来解读园主人司马光的内心世界和所蕴含的文化内涵。左毅颖（2014年）以王世贞为研究对象，分析《游金陵诸园记》《弇山园记》《太仓诸园小记》等多篇园记，论述王世贞的造园思想。杨凝秋（2020年）从道家思想切入，认为园记中的描写体现了"有成与亏"和"道法自然"的思想。李天莹（2020年）对祁彪佳的园林美学思想系统开展论述。张鸿超（2021年）以"适意"思想切入，通过对园记、园诗和造园专著进行研究，分析明代文人园林建造、文人园居生活等所蕴含的思想，认为文人园林是明代文人适意思想的载体。

1.1.4.2 国外研究进展

国外对园记的研究相对较少，侧重于中国古典园林实例、造园手法和园林文化的介绍。日本学者冈大路（1938年）出版了《中国宫苑园林史考》，该书以文献汇编为主，对中国历代宫苑园林文献和地方志进行考究，论述了中国各地的私家园林，在书中最后几章还对《园冶》《长物志》《一家言》《洛阳名园记》《游金陵诸园记》等重要园林著作和园记进行了介绍。新加坡学者康格温（Kang Ger-Wen Oliver）（2018年）以《园冶》和明代文人园林生活为研究主体，将《园冶》的书中世界与江南园林的书外世界进行联系，通过探索传统建筑的文化和美学，细致还原了明代园林面貌。

建筑师威廉·钱伯斯（William Chambers）被认为是第一位深入研究中国园林的英国人，他一生出版了多部关于中国园林的著作，如1757年出版的《中国的建筑、家具、服饰、机械和器皿的设计》和1772年出版的《东方造园论》，细述了中国造园艺术，认为中国的造园技艺和品位较高。英国学者玛吉·凯瑟克（Maggie Keswick）（1978年）出版了《中国园林：历史、艺术和建筑》，该书系统梳理了中国园林的发展历程，剖析了园林与中国哲学、绘画、建筑、文学的关系，通过园林案例分析展现了中国传统文化的特殊魅力。英国学者柯律格（Craig Clunas）（1996年）的著作《丰饶的所在：中国明代的园林文化》着重研究明代的文人园林，从明代的社会经济和审美观念着手，探讨明代中后期的园林变化。法国学者乔治·梅泰里（Georges Métailié）（2007年）以李格非的《洛阳名园记》和周师厚的《洛阳花木记》等为研究基础，系统地介绍了洛阳的园林文化，认为其对后世的园林建设有着重大影响。

美国学者乔安娜·汉德琳·史密斯（Joanna Handlin Smith）（1992年）以祁彪佳的园亭为研究重点，认为明代晚期的园亭建设是表达园主审美的重要载体，园主通过建设园亭既满足了追求享乐的生活方式，又通过开放园亭履行了社会责任。新墨西哥州立大学肯尼斯·哈蒙德（Kenneth J

明代园记中的植物应用

Hammond）（2007年）以王世贞的文章为切入点，从思想、文化以及权力的角度理解江南园林，认为文人园林既是个人退隐之所，也是志同道合的士绅们的雅集场所。美国亚利桑那州立大学奚如谷（Stephen H.West）（2018年）所著的《奇观、仪式、社会关系：北宋御苑中的天子、子民和空间建构》中，讨论了园苑的社会功能，认为园苑是一种生产性空间，展示了"与民同乐"的重要方式。

1.2 明代园记概述

明代园记承接前几代园记的发展逐渐成为成熟的文体，并取得蓬勃发展，在各朝代中数量最多，约有423篇。因本书更聚焦于园记中记录的园林景观和植物应用，所以对收集的园记原文进行细致阅读，剔除一些虽以园记、亭记等为题但内容多为文以载道的文章类型，去除只有园林建筑等其他造园要素描写而并无植物景观描述的文章，筛选内容描写中涉及园林景观和园林植物描写的文章。通过整理，最终筛选收集明代园记142篇（附录A）。

1.2.1 明代园记记录的园林数量

本书中收集的142篇明代园记中，有记录单处园林的，也有记录多处园林的。据统计，142篇园记中有133篇单园记和9篇多园记，其中9篇多园记共计有126处园林（表1.3），故共记录有259处园林。此外，142篇园记记录了四种园林类型，分别为私家园林、皇家园林、公共园林和寺观园林，其中私家园林有137篇，皇家园林1篇，公共园林2篇，寺观园林2篇，私家园林占据了绝大多数（表1.4）。

表1.3 明代多园记中记录的园林数量

多园记名称	记录的园林数量	备注
《太仓诸园小记》	7	其中的"杨氏日涉园"与王世贞的《日涉园记》所记录的园林重复。

多园记名称	记录的园林数量	备注
《燕都游览志》	22	其中的"勺园"与孙国光的《游勺园记》所记录的园林重复
《游金陵诸园记》	36	
《游练川云间松陵诸园记》	5	其中的"归有园"与徐学谟的《归有园记》所记录的园林重复
《帝京景物略》	10	
《春明梦余录》	3	其中的"勺园"与孙国光的《游勺园记》所记录的园林重复
《陶庵梦忆》	3	
《越中园亭记》	43	
《娄东园林志》	13	除"学山"外，重复园林12处
共计	142	重复园林有16处

表 1.4 各园林类型的园记数量

园林类型	园记数量	园记名称
私家园林	137	见附录A
皇家园林	1	《赐游西苑记》
公共园林	2	《玉女潭山居记》《西湖草堂记》
寺观园林	2	《月河梵苑记》《复清容轩记》

1.2.2 明代园记的时间分析

明代从1368年至1644年共延续276年，历经17朝。已有的明史研究将明代历史细分为六个时期，即洪武至建文时期（1368年—1402年）、永乐至宣德时期（1403年—1435年）、正统至弘治时期（1436年—1505年）、正德至嘉靖时期（1506年—1567年）、隆庆至万历时期（1568年—1620年）以及天启至崇祯时期（1621年—1644年）。园记的作记时多为园林建设完成时或建成后的几年，对收集的明代园记时间进行统计，可以得出六个时期的园记数量和园记中所记载的园林数量（见下图）。

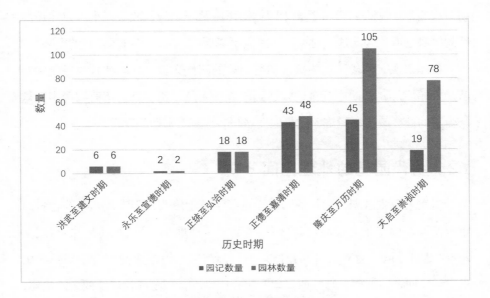

明代各时期园记数量和所记录的园林数量

园林发展与政治、经济等关系密切，园记的书写也是如此。明代142篇园记中记录的园林集中出现于正德至崇祯时期，其中园记数量最多的时期为隆庆至万历时期，其次为正德至嘉靖时期，其余依次为天启至崇祯时期、正统至弘治时期、洪武至建文时期和永乐至宣德时期；园林数量最多的也是隆庆至万历时期，其次为天启至崇祯时期，第三为正德至嘉靖时期，其余排序与园记数量相同。

洪武至宣德时期，受制于社会动荡和政局不稳，园林建设和园记记载较少。正统至弘治时期，国家政治和经济、文化得到一定程度的恢复和改善，园林建设逐渐增加，尤其是弘治中兴时期，良好的政治环境给文学和园林艺术提供了沃土，为明中叶的园林建设奠定了良好的基础。发展至明中叶，园林建设如火如荼，于正德至嘉靖年间呈现爆发式增长，并在隆庆至万历年间进入盛期。隆庆至万历时期，迎来中叶以来的最好时期，在园林和园记的发展中，文人以园林游赏为雅，富庶的商人也希望融入文人群体，也以建园为荣。名园需配名记，自己作记或是请人作记蔚然成风，园记数量日渐增多，尤以嘉靖、万历朝为多，这也与明代江南园林的发展不谋而合。天启至崇祯时期也是明代的最后时期，园林建设继承前面几个时期的遗风，一些深感王朝覆灭之危的文人名士希望能于园林寓居中归于平静，故大兴土木以建造最后的栖身之所，因此这一时期园林建设不降反增，呈现出日暮之时的余晖。

总体来说，明代园记的数量和所记载的园林数量呈现明初较少，明中叶前期开始增加，在明中叶至明末达到巅峰，尤其以正德至万历时期居多，这与当时的社会政治、经济、文化的发展与衰败有着密切的联系。

1.2.3 明代园记的地理空间分析

明代的行政区划在元代的基础上进行了一定修改，于洪武九年改行省为布政使司，确定了明代高层政区名。《明史·地理志》记载了明代的布政使司："终明之世，为直隶者二：曰京师，曰南京。为布政使司者十三：曰山东，曰山西，曰河南，曰陕西，曰四川，曰湖广，曰浙江，曰江西，曰福建，曰广东，曰广西，曰云南，曰贵州"，即明代的行政区划为"两京十三省"。在高层政区下，明代形成了三级与四级并存的复式政区，共有三种情况：中央-布政使司-府-州-县，中央-布政使司-府-县，中央-布政使司-直隶州-县。

以上述明代行政区划为基础，对142篇园记及其所记载的园林进行地理位置区分，绘制其分布图和数量图，更直观地反映各布政司的园记和园林数量（表1.5）。园记数量方面，记载南京（南直隶）（今江苏省、上海市和安徽省）的园记数量最多，为65篇；其次为浙江，为22篇；之后依次为湖广（今湖南省和湖北省）11篇、京师（北直隶）（今北京市、天津市、河北省大部和河南省、山东省的小部分地区）9篇、江西8篇，陕西6篇，山东5篇，山西1篇、河南1篇、福建1篇。所涉及的园林数量方面，南京（南直隶）被记录的园林数量最多，为109处；其次为浙江，为61处；再次为京师（北直隶），为33处；之后排序依次为湖广11处、江西8处、陕西6处、山东4处，山西1处、河南1处和福建1处。从分布地区可知，园记和园林数量以四个区域为主，即南京（南直隶）、浙江、京师（北直隶）以及湖广。

明代的江浙地区是文人名士、富商巨贾云集之地，经济繁荣，风土秀丽，文化活跃，明代文人结社之事蔚然成风且多集中于此，故在经济、风土和人

明代园记中的植物应用

才的三重作用下，江浙地区的园林建设数量远多于其他地区。其中，苏州府的园记数量是最多的，苏州园林向来颇负盛名。明代文人朱长春于《天游园记》中记载："夫园自洛阳始盛，王侯戚里娱闲之家，竞饰亭馆山池，远集珍草、瑶树、灵禽、怪物、名倡充其中，角胜为豪，其遗风今在江南延州、姑苏间最侈"。应天府和绍兴府的园记数量也较多，如祁彪佳的《越中园亭记》、张岱的《陶庵梦忆》和王世贞的《游金陵诸园记》等。应天府作为洪武时期的皇城以及永乐之后的陪都，聚集着大量的皇亲国戚，他们乐享园林生活，兴土木之建设，被王世贞在园记中记录的园林多为公侯后代所建园林，如魏国公徐氏家族的园林，对南京的古典园林建设有很深远的影响。绍兴府的园林自隆庆起数量增多，经万历、天启阶段的繁荣，在崇祯朝达到了极盛期，祁彪佳的《越中园亭记》记录了绍兴府园林的极盛状态。

除了江浙一带之外，京城所在地京师的园记和园林数量也十分可观，如孙国敉的《燕都游览志》刘侗的《帝京景物略》和孙承泽的《春明梦余录》记录了当时京师中顺天府的园林建设盛况。被记录的园林多为皇亲国戚赐园，如定国公园、成国公园等。也有不少文人名士于此建园，如颇负盛名的米万钟修建的勺园、湛园和漫园。

湖广布政司的园记也较为丰富，多集中于荆州府，如祖籍湖广公安的袁中道喜好山水，爱好园林，并建有多处园林，如筼筜谷、金粟园、楮亭等，丰富了当地的园林景观。

表 1.5 明代园记和园林地理位置分布表

所在布政使司	所在府	园记数量	园记总数	园林数量	园林总数
南京（南直隶）	扬州府	3	65	3	109
	苏州府	25		35	
	常州府	7		6	
	应天府	6		41	
	松江府	11		11	
	徽州府	11		11	
	安庆府	1		1	
	淮安府	1		1	

所在布政使司	所在府	园记数量	园记总数	园林数量	园林总数
浙江布政司	杭州府	8	22	8	61
	嘉兴府	5		5	
	绍兴府	6		45	
	湖州府	3		3	
湖广布政司	武昌府	1	11	1	11
	荆州府	6		6	
	承天府	3		3	
	德安府	1		1	
京师（北直隶）	顺天府	6	9	30	33
	广平府	1		1	
	河间府	1		1	
	真定府	1		1	
江西布政司	吉安府	5	8	5	8
	袁州府	1		1	
	饶州府	1		1	
	南昌府	1		1	
陕西布政司	西安府	2	6	2	6
	延安府	1		1	
	汉中府	1		1	
	临洮府	1		1	
	凤翔府	1		1	
山东布政司	济南府	3	5	2	4
	兖州府	1		1	
	辽东都司	1		1	
山西布政司	太原府	1	1	1	1
河南布政司	河南府	1	1	1	1
福建布政司	延平府	1	1	1	1
暂不可考	——	——	13	——	24

注：地理位置按园记数量多少排序。

1.2.4 明代园记的作者分析

　　自嘉靖初年，原有的禁令废弛，造园之风盛行，上到宗亲贵族，下到富

明代园记中的植物应用

豪商人，皆以造园为好，中流砥柱者则为官僚文人。明代万历年间文人谢肇淛于《五杂俎》中对当时的风气总结道："缙绅喜治第宅，亦是一蔽。当其壮年历仕，或鞅掌王事，或家计未立，行乐之光景皆已蹉跎过尽，及其官罢年衰，囊橐满盈，然后穷极土木，广侈华丽，以明得志，曾几何时，而溘先朝露矣！"许多文人在园林建造中倾注心血，并记录下建园时的巧思妙想，注重表达对园林造景的思考。

对明代园记的作者分析发现，韩雍、张宁、孙承恩、黄汝亨4人著园记3部，王世贞、李维桢、袁中道和汪道昆4人著园记4部以上（表1.6）。他们都是明代文坛中的翘楚，一生著文无数。其中王世贞的园记数量最多，多达11部。

表 1.6 明代园记的主要作记者

作者	园记数量	园记名称
王世贞	11	《弇山园记》
		《先伯父静庵公山园记》
		《日涉园记》
		《求志园记》
		《太仓诸园小记》
		《离薋园记》
		《复清容轩记》
		《游金陵诸园记》
		《小昆山读书处记》
		《澹圃记》
		《游练川云间松陵诸园记》
李维桢	7	《古胜园记》
		《毗山别业记》
		《奕园记》
		《雅园记》
		《素园记》
		《奕园记》
		《隤洲园记》
袁中道	5	《筼筜谷记》
		《杜园记》

作者	园记数量	园记名称
		《石首城内山园记》
		《金粟园记》
		《楮亭记》
汪道昆	4	《曲水园记》
		《荆园记》
		《季园记》
		《遂园记》
		《赐游西苑记》
韩雍	3	《菿溪草堂记》
		《友清书院记》
		《西塍小隐记》
张宁	3	《一笑山雪夜归舟记》
		《梅雪斋记》
		《东庄记》
孙承恩	3	《搔爽轩记》
		《白斋记》
		《绎幕园记》
黄汝亨	3	《借园记》
		《玉版居记》

（1）王世贞

王世贞（1526年—1590年），字元美，号凤洲，又号弇州山人，明代南直隶苏州府太仓州（今属江苏省）人，明嘉靖二十六年（1547年）进士官至南京刑部尚书。明代著名文学家，主要园记有《弇山园记》《离薋园记》《先伯父静庵公山园记》等。

除了诗文以外，王世贞的园林在当时也盛名在外，朱长春称其"王氏弇州著名于天下"。受祖父王倬的麋场泾园和伯父王愔的静庵公园的影响，王世贞从小便喜好园林，在他看来，园居生活非常重要。世人藏富而不问居第和园林，他反其道而行，在《太仓诸园小记》中写道："独余癖迂，计必先园而后居第，以为居第足以适吾体，而不能适吾耳目""吾州城眦睨得十八里，视他邑颇钜，阛阓之外，三垂皆饶隙地，而自吾伯仲之为三园，余复有八园，郭外二之，废者二之，其可游者仅四园而已"。可知他和弟弟王世懋在太仓城中共建有3处园林，即王世贞的离薋园、弇山园以及王世懋的澹圃，城外还有8处，但可供观赏游玩的只剩4处。此外，王世贞还喜好游园并记录下到访之地的园林建设情况，如《太仓诸园小记》《游金陵诸园记》和《游练川云间松陵诸园记》，分别记录了苏州太仓、南京和上海的园林胜景，为后世留下了宝贵的园记史料。

（2）李维桢

李维桢（1547年—1626年），字本宁，号翼轩，明代湖广京山（今属湖北省）人，明隆庆二年（1568年）进士，官至南京礼部尚书。明代著名文学家，是明代晚期文坛的领军人物，主要园记作品有《古胜园记》《毗山别业记》《雅园记》等。

李维桢虽留下了许多园记名篇，但却未见有关他所建园林的记载，他所记的园林基本都为他人所建。可能与其仕途不顺、生活拮据有一定关系。虽受到造园限制，李维桢的园记数量却不少，一是因为他在当时的文坛颇负盛名，求文者众；二是因为他广泛交友，爱好交游，李维桢不仅和文坛大家王世贞、汪道昆等人交好，还广泛结交商人等群体。从他书写的园记中可以看出，他常拜访友人的园林，如曾游览王世贞的弇山园、汪道昆的遂园、商人吴氏的雅园和素园等。同时他对别人建设园林的行为也颇为赞许，他为魏玄平的隩洲园作记时便提到："邑无名园，名园自兹始。余故为记而表章之，后有好事者可述、可作焉"，认为名园的建设可为城市增添光彩，值得称赞。

（3）袁中道

袁中道（1570年—1626年），字小修，一作少修，别字冲修，号凫隐居士，明代湖广公安（今属湖北省）人，明代万历四十四年（1616年）进士，官至南京吏部郎中。明代著名文学家，与两位兄长袁宏道、袁宗道并称为"三袁"。主要园记作品有《筼筜谷记》《杜园记》《金粟园记》等。

袁中道喜好游山玩水，其兄袁宏道称其"泛舟西陵，走马塞上，穷览燕赵齐鲁吴越之地，足迹所至，几半天下"，可见其游历之广。袁中道有3处园林，分别为杜园、筼筜谷和金粟园，皆位于其家乡湖广公安。杜园为袁中道的旧居，松竹环绕，还有丰富的物产；筼筜谷园内植满美竹，环境幽静，颇受其喜爱；金粟园位于一处观音塔下，以木樨为园内佳景，故冠以"金粟"之名，带有几分宗教色彩，袁中道视其为隐居的绝佳之处。

（4）汪道昆

汪道昆（1525年—1593年），初字玉卿，后改字伯玉，号太函、太函氏、泰茅氏等，明代南直隶徽州府歙县（今属安徽省）人，明代嘉靖二十六年（1547年）进士，官至兵部右侍郎。明代著名文学家，是当时明代文坛的大家之一，与王世贞齐名，有"南北两司马"的美誉，主要园记作品有《曲水园记》《荆园记》《季园记》等。

汪道昆致仕之后便栖居乡里近二十年，过上了隐居山林的生活，他喜好游历山水，虽未有关于他所建园林的记载，但他记录了许多明代中后期位于徽州的著名园林，如歙县曲水园，以水胜，有"花数十百品，古木千章，鸣鸟千群，涧道夫容千茎，鱼千石"，自然风光美好。再如遂园，是汪道昆宗大夫立伯建于歙县县城中问政山脚下的一处名园，园内花木葱茏，可游可赏，汪道昆曾从园主人游览此园，借其文字，人们可体悟到该园的植物之多样，山林之精致。汪道昆所写园记还有吴氏的季园和孙氏的荆园，这些园林的记录都共同描绘了明代中后期徽州园林建设的情况，为后人提供了重要的参考资料。

第2章
明代园记中的植物种类叙述

明末画家笪重光有言："山本静，水流则动，石本顽，树活则灵"，植物是中国古典园林中最具自然之态的要素。明人爱花木者众，撰写于明代的专类花谱和植物谱数量庞大。明代造园者或有收藏奇珍异草之好，或有爱惜古树名木之好，也有偏好古朴简单的自然之境，对于园林花木的使用偏好有特性也有共性。明代园记追求写实的记叙方式，所记录的植物应用较为翔实。本章从植物种类、出现频次、功能三个方面全面梳理了明代园记所记载的植物种类。

2.1 植物种类统计与分析

笔者通过对明代园记的通读与整理，将文中所提到的植物名称进行了记录、考证和分类。考证的依据是明代植物专著《二如亭群芳谱》，当代植物专著、考证类书籍——《中国植物志》《植物古汉名图考》《植物名释札记》《诗经植物图鉴》以及《楚辞植物图鉴》等。

明代大多数植物名称已接近今名，可以在《中国植物志》中检索并确定学名。除了此种情况外，明代园记所涉及的植物还存在两种特殊情况。第一种是古今异名的植物，可通过翻阅《植物古汉名图考》《植物名释札记》《诗经植物图鉴》和《楚辞植物图鉴》对此类植物进行检索和考证，如蔷薇科中的"荼蘼"，可以通过《中国植物志》将其确定为重瓣空心藨（*Rubus rosifolius* var.*coronarius*）。还有一些出自《诗经》《楚辞》等文章中的植物名称，如"葵""荬""棠棣""江蓠"等，可以通过《诗经植物图鉴》和《楚辞植物图鉴》检索并确定学名。第二种是无法精确到种的植物。由于文章多出自文人之手，大多数文人非专研植物的学者，故对植物进行记录时无法精确到种，多使用"松、竹、枫、柳"等大类名称，对此类植物描述进行统计时将其归为"某类植物"。

综合上述情况，经统计，明代园记中的植物分布于82科158属，共208种（类），其中包括种子植物207种（类）、蕨类植物1种。种子植物门共有裸子植物7种，被子植物200种（类）。其中可以明确的种类有199种，无法明确的植物种类有9种，以"某类"植物命名，包括松类、杨类、柳类、栎类、海棠类、梨类、蔷薇类、槭类和竹类（表2.1）。

表 2.1 明代园记中的植物种类名录表

序号	文中名称	科属	种名	学名	记载次数
1	凤尾蕉	苏铁科苏铁属	苏铁	*Cycas revoluta*	1
2	银杏	银杏科银杏属	银杏	*Ginkgo biloba*	3
3	果子松/栝子松/剔牙松/栝/松	松科松属	松类	*Pinus* spp.	103
4	杉	杉科杉木属	杉木	*Cunninghamia lanceolata*	11
5	侧柏/柏	柏科侧柏属	侧柏	*Platycladus orientalis*	46
6	桧/桧柏	柏科刺柏属	圆柏	*Juniperus chinensis*	17
7	榧	红豆杉科榧属	榧	*Torreya grandis*	1
8	杨梅	杨梅科杨梅属	杨梅	*Morella rubra*	6
9	胡桃	胡桃科胡桃属	胡桃	*Juglans regia*	2
10	杨	杨柳科杨属	杨类	*Populus* spp.	16
11	柞	杨柳科柞木属	柞木	*Xylosma congesta*	2
12	垂柳/杨柳/柳	杨柳科柳属	柳类	*Salix* spp.	84
13	椅	杨柳科山桐子属	山桐子	*Idesia polycarpa*	4
14	榛	桦木科榛属	榛	*Corylus heterophylla*	2
15	栗/丹栗	壳斗科栗属	栗	*Castanea mollissima*	7
16	草斗/枥/橡	壳斗科栎属	栎类	*Quercus* spp.	3
17	榆	榆科榆属	榆	*Ulmus pumila*	22
18	榔榆	榆科榆属	榔榆	*Ulmus parvifolia*	1
19	榉	榆科榉属	榉树	*Zelkova serrata*	3
20	朴	榆科朴属	朴树	*Celtis sinensis*	3
21	桑	桑科桑属	桑	*Morus alba*	19

序号	文中名称	科属	种名	学名	记载次数
22	楮	桑科构属	构	*Broussonetia papyrifera*	3
23	柘	桑科橙桑属	柘	*Maclura tricuspidata*	2
24	榕	桑科榕属	榕树	*Ficus microcarpa*	2
25	婆罗树	桑科榕属	菩提树	*Ficus religiosa*	1
26	薜荔/碧荔	桑科榕属	薜荔	*Ficus pumila*	5
27	木莲	木兰科木莲属	木莲	*Manglietia fordiana*	1
28	玉兰	木兰科玉兰属	玉兰	*Yulania denudata*	16
29	辛夷/木兰	木兰科玉兰属	紫玉兰	*Yulania liliiflora*	4
30	含笑	木兰科含笑属	含笑花	*Michelia figo*	1
31	蜡梅	蜡梅科蜡梅属	蜡梅	*Chimonanthus praecox*	1
32	磬口蜡梅	蜡梅科蜡梅属	磬口蜡梅	*Chimonanthus praecox* 'Grandiflorus'	1
33	豫章/樟	樟科樟属	樟	*Camphora officinarum*	5
34	黄连	毛茛科黄连属	黄连	*Coptis chinensis*	1
35	南天竺	小檗科南天竹属	南天竹	*Nandina domestica*	1
36	牡丹/绿蝴蝶/黄紫	芍药科芍药属	牡丹	*Paeonia × suffruticosa*	46
37	芍药	芍药科芍药属	芍药	*Paeonia lactiflora*	20
38	山茶	山茶科山茶属	山茶	*Camellia japonica*	5
39	滇茶	山茶科山茶属	滇山茶	*Camellia reticulata*	1
40	茶梅	山茶科山茶属	茶梅	*Camellia sasanqua*	1
41	茶/槚	山茶科山茶属	茶	*Camellia sinensis*	6
42	绣球花	虎耳草科绣球属	绣球	*Hydrangea macrophylla*	2
43	楂	蔷薇科山楂属	山楂	*Crataegus pinnatifida*	1
44	枇杷	蔷薇科枇杷属	枇杷	*Eriobotrya japonica*	10
45	石楠	蔷薇科石楠属	石楠	*Photinia serratifolia*	3
46	楸	蔷薇科木瓜海棠属	贴梗海棠	*Chaenomeles speciosa*	1
47	海棠/蜀府海棠/蜀棠/西府海棠/海红/垂丝海棠/蜀府垂绿海棠	蔷薇科苹果属	海棠类	*Malus* spp.	29
48	柰	蔷薇科苹果属	苹果	*Malus pumila*	3

序号	文中名称	科属	种名	学名	记载次数
49	来禽/林檎	蔷薇科苹果属	花红	*Malus asiatica*	6
50	梨	蔷薇科梨属	梨类	*Pyrus* spp.	24
51	棠杜/棠梨	蔷薇科梨属	杜梨	*Pyrus betulifolia*	2
52	蔷薇/五色蔷薇	蔷薇科蔷薇属	蔷薇类	*Rosa* spp.	15
53	玫瑰	蔷薇科蔷薇属	玫瑰	*Rosa rugosa*	2
54	月季	蔷薇科蔷薇属	月季花	*Rosa chinensis*	3
55	金樱	蔷薇科蔷薇属	金樱子	*Rosa laevigata*	1
56	木香/黄木香	蔷薇科蔷薇属	木香花	*Rosa banksiae*	10
57	桃/寿星桃/绛桃	蔷薇科李属	桃	*Prunus persica*	76
58	碧桃/千叶碧桃	蔷薇科李属	碧桃	*Prunus persica* 'Duplex'	2
59	绯桃/绯白桃	蔷薇科李属	绯桃	*Prunus persica* 'Magnifica'	6
60	杏	蔷薇科李属	杏	*Prunus armeniaca*	31
61	梅/玉蝶梅/绿萼梅/绿萼梅/江梅	蔷薇科李属	梅	*Prunus mume*	128
62	李/杏李	蔷薇科李属	李	*Prunus salicina*	33
63	樱桃/含桃/朱樱/樱胡	蔷薇科李属	樱桃	*Prunus pseudocerasus*	14
64	棠棣/郁李/郁棣	蔷薇科李属	郁李	*Prunus japonica*	3
65	荼蘼	蔷薇科悬钩子属	重瓣空心藨	*Rubus rosifolius* var. *coronarius*	9
66	含欢	豆科合欢属	合欢	*Albizia julibrissin*	1
67	紫荆	豆科紫荆属	紫荆	*Cercis chinensis*	2
68	紫藤/藤/藤花	豆科紫藤属	紫藤	*Wisteria sinensis*	7
69	藤萝/藤罗	豆科紫藤属	藤萝	*Wisteria villosa*	3
70	槐	豆科槐属	槐	*Styphnolobium japonicum*	21
71	苜蓿	豆科苜蓿属	苜蓿	*Medicago sativa*	1
72	豆/菽	豆科大豆属	大豆	*Glycine max*	2
73	椒/山椒	芸香科花椒属	花椒	*Zanthoxylum bungeanum*	4
74	枳	芸香科柑橘属	枳	*Citrus trifoliata*	1
75	黄蘖	芸香科黄檗属	黄檗	*Phellodendron amurense*	1

明代园记中的植物应用

序号	文中名称	科属	种名	学名	记载次数
76	柚	芸香科柑橘属	柚	*Citrus maxima*	9
77	橘/柑橘/柑桔/木奴	芸香科柑橘属	柑橘	*Citrus reticulata*	26
78	橙	芸香科柑橘属	甜橙	*Citrus sinensis*	4
79	香橼/橼/枨橼/佛手	芸香科柑橘属	香橼	*Citrus medica*	6
80	芸	芸香科芸香属	芸香	*Ruta graveolens*	1
81	椿	苦木科臭椿属	臭椿	*Ailanthus altissima*	3
82	椿	楝科香椿属	香椿	*Toona sinensis*	3
83	苦楝	楝科楝属	楝	*Melia azedarach*	1
84	漆	漆树科漆树属	漆	*Toxicodendron vernicifluum*	3
85	栌	漆树科黄栌属	黄栌	*Cotinus coggygria* var. *cinereus*	1
86	枫	槭树科槭属	槭类	*Acer* spp.	3
87	龙眼	无患子科龙眼属	龙眼	*Dimocarpus longan*	1
88	婆罗树	七叶树科七叶树属	七叶树	*Aesculus chinensis*	1
89	黄杨	黄杨科黄杨属	黄杨	*Buxus sinica*	2
90	枣	鼠李科枣属	枣	*Ziziphus jujuba*	11
91	棘	鼠李科枣属	酸枣	*Ziziphus jujuba* var. *spinosa*	1
92	椑	鼠李科鼠李属	鼠李	*Rhamnus davurica*	1
93	葡萄	葡萄科葡萄属	葡萄	*Vitis vinifera*	5
94	木芙蓉/芙蓉	锦葵科木槿属	木芙蓉	*Hibiscus mutabilis*	23
95	槿/木槿	锦葵科木槿属	木槿	*Hibiscus syriacus*	5
96	葵	锦葵科锦葵属	冬葵	*Malva verticillata* var.*crispa*	8
97	梧桐/梧/桐	梧桐科梧桐属	梧桐	*Firmiana simplex*	22
98	苹婆	梧桐科苹婆属	苹婆	*Sterculia monosperma*	1
99	柽	柽柳科柽柳属	柽柳	*Tamarix chinensis*	2
100	紫薇	千屈菜科紫薇属	紫薇	*Lagerstroemia indica*	2
101	菱	千屈菜科菱属	欧菱	*Trapa natans*	10
102	石榴/榴/安榴/若榴/千叶榴	石榴科石榴属	石榴	*Punica granatum*	10
103	红鹃/杜鹃	杜鹃花科杜鹃花属	杜鹃花	*Rhododendron simsii*	2

序号	文中名称	科属	种名	学名	记载次数
104	樲柿/海门柿/极柿/柿	柿科柿属	柿	*Diospyros kaki*	9
105	楟	柿科柿属	君迁子	*Diospyros lotus*	2
106	蜡	木樨科梣属	白蜡树	*Fraxinus chinensis*	1
107	丁香	木樨科丁香属	紫丁香	*Syringa oblata*	1
108	木樨/桂	木樨科木樨属	木樨	*Osmanthus fragrans*	53
109	女贞	木樨科女贞属	女贞	*Ligustrum lucidum*	3
110	茉莉	木樨科素馨属	茉莉花	*Jasminum sambac*	3
111	迎春	木樨科素馨属	迎春花	*Jasminum nudiflorum*	1
112	素馨	木樨科素馨属	素馨花	*Jasminum grandiflorum*	2
113	夹竹桃	夹竹桃科夹竹桃属	夹竹桃	*Nerium oleander*	1
114	栀/鲜支/薝葡	茜草科栀子属	栀子	*Gardenia jasminoides*	3
115	茹芦	茜草科茜草属	茜草	*Rubia cordifolia*	1
116	五色梅	马鞭草科马缨丹属	马缨丹	*Lantana camara*	1
117	枸杞/杞/枸	茄科枸杞属	枸杞	*Lycium chinense*	3
118	茄/紫茄	茄科茄属	茄	*Solanum melongena*	3
119	葴	茄科酸浆属	酸浆	*Alkekengi officinarum*	1
120	桐/椅桐	玄参科泡桐属	白花泡桐	*Paulownia fortunei*	9
121	地黄	玄参科地黄属	地黄	*Rehmannia glutinosa*	1
122	梓	紫葳科梓属	梓树	*Catalpa ovata*	5
123	楸	紫葳科梓属	楸树	*Catalpa bungei*	3
124	苕	紫葳科凌霄属	凌霄	*Campsis grandiflora*	2
125	忍冬	忍冬科忍冬属	忍冬	*Lonicera japonica*	1
126	竹	禾本科	竹类	——	186
127	南竹	禾本科刚竹属	毛竹	*Phyllostachys edulis*	1
128	桂竹/贵竹	禾本科刚竹属	桂竹	*Phyllostachys reticulata*	2
129	斑竹/斑皮竹/湘竹	禾本科刚竹属	斑竹	*Phyllostachys reticulata* 'Lacrima-deae'	6
130	紫竹	禾本科刚竹属	紫竹	*Phyllostachys nigra*	2
131	水竹	禾本科刚竹属	水竹	*Phyllostachys heteroclada*	1
132	黄金间碧玉竹	禾本科刚竹属	金竹	*Phyllostachys sulphurea*	1
133	灵寿	禾本科刚竹属	寿竹	*Phyllostachys bambusoides* f. *Shouzhu*	1

序号	文中名称	科属	种名	学名	记载次数
134	雷竹	禾本科刚竹属	雷竹	*Phyllostachys violascens* 'Prevernalis'	2
135	方竹	禾本科寒竹属	方竹	*Chimonobambusa quadrangularis*	2
136	实竹	禾本科寒竹属	实竹子	*Chimonobambusa rigidula*	1
137	苦竹/楛竹	禾本科大明竹属	苦竹	*Pleioblastus amarus*	2
138	箘簬	禾本科箭竹属	箭竹	*Fargesia spathacea*	1
139	桃枝竹/慈孝竹	禾本科簕竹属	孝顺竹	*Bambusa multiplex*	2
140	凤尾竹	禾本科簕竹属	凤尾竹	*Bambusa multiplex* f. *fernleaf*	1
141	丛竹	禾本科簕竹属	慈竹	*Bambusa emeiensis*	2
142	菰/茭/雕胡	禾本科菰属	菰	*Zizania latifolia*	5
143	芦/苇/芦苇	禾本科芦苇属	芦苇	*Phragmites australis*	9
144	黍/芑	禾本科黍属	稷	*Panicum miliaceum*	2
145	粟/秫	禾本科狗尾草属	粟	*Setaria italica* var. *germanica*	3
146	荻	禾本科芒属	荻	*Miscanthus sacchariflorus*	2
147	菉	禾本科荩草属	荩草	*Arthraxon hispidus*	1
148	薏苡	禾本科薏苡属	薏苡	*Coix lacryma-jobi*	1
149	蔗	禾本科甘蔗属	甘蔗	*Saccharum officinarum*	1
150	麦	禾本科小麦属	小麦	*Triticum aestivum*	1
151	秔	禾本科稻属	粳稻	*Oryza sativa*	1
152	棕竹	棕榈科棕竹属	棕竹	*Rhapis excelsa*	1
153	棕榈/拼间/栟榈/拼榈	棕榈科棕榈属	棕榈	*Trachycarpus fortunei*	4
154	胥余	棕榈科椰子属	椰子	*Cocos nucifera*	1
155	沙罗树	桫椤科桫椤属	桫椤	*Alsophila spinulosa*	1
156	青萝/萝	天南星科麒麟叶属	绿萝	*Epipremnum aureum*	4
157	芋	天南星科芋属	芋	*Colocasia esculenta*	3
158	何首乌	蓼科何首乌属	何首乌	*Pleuropterus multiflorus*	1
159	红蓼	蓼科蓼属	红蓼	*Persicaria orientalis*	5
160	蓼	蓼科蓼属	蓼蓝	*Persicaria tinctoria*	4
161	苦杖	蓼科虎杖属	虎杖	*Reynoutria japonica*	1

序号	文中名称	科属	种名	学名	记载次数
162	红薯	旋花科番薯属	番薯	*Ipomoea batatas*	1
163	西番莲	西番莲科西番莲属	西番莲	*Passiflora caerulea*	1
164	瓠	葫芦科葫芦属	葫芦	*Lagenaria siceraria*	1
165	甘瓜	葫芦科黄瓜属	甜瓜	*Cucumis melo*	2
166	薯蓣/藷芋	薯蓣科薯蓣属	薯蓣	*Dioscorea polystachya*	2
167	姜/良姜	姜科姜属	姜	*Zingiber officinale*	3
168	韭/韮	石蒜科葱属	韭	*Allium tuberosum*	4
169	葱	石蒜科葱属	葱	*Allium fistulosum*	1
170	水仙	石蒜科水仙属	水仙	*Narcissus tazetta* subsp. *chinensis*	3
171	门冬	天门冬科沿阶草属	麦冬	*Ophiopogon japonicus*	1
172	菖蒲/石菖蒲	菖蒲科菖蒲属	菖蒲	*Acorus calamus*	3
173	芙蓉/莲/荷/芙蕖/荷蕖/芰荷	莲科莲属	莲	*Nelumbo nucifera*	38
174	芡	睡莲科芡属	芡	*Euryale ferox*	8
175	莼	睡莲科莼属	莼菜	*Brasenia schreberi*	1
176	菘	十字花科芸苔属	白菜	*Brassica rapa* var.*glabra*	3
177	芥/白芥	十字花科芸苔属	芥菜	*Brassica juncea*	3
178	亭历	十字花科葶苈属	葶苈	*Draba nemorosa*	1
179	菊	菊科菊属	菊花	*Chrysanthemum morifolium*	23
180	兰草/兰芷	菊科泽兰属	佩兰	*Eupatorium fortunei*	3
181	蒌蒿	菊科蒿属	蒌蒿	*Artemisia selengensis*	1
182	艾	菊科蒿属	艾	*Artemisia argyi*	1
183	兰	兰科兰属	春兰	*Cymbidium goeringii*	13
184	蕙	兰科兰属	蕙兰	*Cymbidium faberi*	3
185	建兰	兰科兰属	建兰	*Cymbidium ensifolium*	2
186	虞美人	罂粟科罂粟属	虞美人	*Papaver rhoeas*	1
187	樱粟	罂粟科罂粟属	罂粟❶	*Papaver somniferum*	1
188	芭蕉/巴且/蕉	芭蕉科芭蕉属	芭蕉	*Musa basjoo*	9

❶我国严禁非法种植罂粟。

明代园记中的植物应用

序号	文中名称	科属	种名	学名	记载次数
189	秋海棠	秋海棠科秋海棠属	秋海棠	*Begonia grandis*	4
190	芷	伞形科当归属	白芷	*Angelica dahurica*	4
191	穹穷/蘼芜/江蓠	伞形科藁本属	川芎	*Ligusticum sinense*	5
192	芹	伞形科水芹属	水芹	*Oenanthe javanica*	2
193	忘忧/萱	百合科萱草属	萱草	*Hemerocallis fulva*	4
194	美人蕉	美人蕉科美人蕉属	美人蕉	*Canna indica*	1
195	藿	唇形科藿香属	藿香	*Agastache rugosa*	1
196	苏	唇形科紫苏属	紫苏	*Perilla frutescens*	1
197	蒲	香蒲科香蒲属	香蒲	*Typha orientalis*	5
198	荇	睡菜科荇菜属	荇菜	*Nymphoides peltata*	1
199	雁来红/苋	苋科苋属	苋	*Amaranthus tricolor*	1
200	剪秋纱	石竹科蝇子草属	剪秋罗	*Silene fulgens*	1
201	游冬	败酱科败酱属	败酱	*Patrinia scabiosifolia*	1
202	苹	蘋科蘋属	蘋	*Marsilea quadrifolia*	1
203	蕨	蕨科蕨属	蕨	*Pteridium aquilinum* var. *latiusculum*	1
204	藜	藜科藜属	藜	*Chenopodium album*	1
205	凫茈	莎草科荸荠属	荸荠	*Eleocharis dulcis*	1
206	莎	莎草科莎草属	香附子	*Cyperus rotundus*	3
207	杜若/山姜	鸭跖草科杜若属	杜若	*Pollia japonica*	2
208	茉苢	车前科车前属	车前	*Plantago asiatica*	1

注：本表中的植物依据恩格勒分类系统进行分类。

2.2 植物种类出现频率

以142篇明代园记中所记载的259处园林为基础，统计各植物种类在园林中的记载次数，出现于一处园林则记为一次，以"出现频率＝记载次数÷总园林数"的形式计算各植物种类在259处园林中的出现频率。

据统计，出现频率在30%以上的植物有4种，分别为竹类、梅、松类和柳类；出现频率在20%~29%的植物有2种，分别为桃和木樨；出现频率为10%～19%的植物有7种，分别为侧柏、牡丹、莲、李、杏、海棠类和柑橘；出现频率为5%~9%的有14种，为梨类、菊花、木芙蓉、梧桐等；出现频率为1%～4%的有73种，为杉木、枣、木香花等；出现频率为0%~0.9%的有108种，为碧桃、柽柳和慈竹等（表2.2）。

综合来看，频率在10%以下的植物种类较多，频率在10%以上的植物多为竹、梅、松、柳等大类植物或者具有悠久栽培历史的植物类型。究其原因，可能受两方面因素的影响：① 园记作者多为文人，对植物学名的掌握精确度不够，故多用植物的统称描述植物景观，如竹木、花木等；② 受到文学作品的影响，有悠久应用历史、被赋予丰富文化底蕴的植物更受青睐，如"竹""梅""桃"等植物，是从《诗经》开始便频繁出现在文学作品中的植物，故以文人为主的园记作者对此类植物有明显偏好。

表 2.2 明代园记植物的出现频率

出现频率	植物名称	植物种类
≥ 30%	竹类、梅、松类、柳类	4
20%~29%	桃、木樨	2
10%~19%	侧柏、牡丹、莲、李、杏、海棠类、柑橘	7
5%~9%	梨类、菊花、木芙蓉、梧桐、榆、槐、芍药、桑、圆柏、杨类、玉兰、蔷薇类、樱桃、春兰	14
1%~4%	杉木、枣、木香花、欧菱、枇杷、石榴、芭蕉、白花泡桐、芦苇、柿、柚、重瓣空心蕙、冬葵、芡、栗、紫藤、斑竹、茶、绯桃、花红、香橼、杨梅、薜荔、川芎、菰、红蓼、木槿、葡萄、山茶、香蒲、樟、梓树、白芷、花椒、韭、蓼蓝、绿萝、秋海棠、山桐子、甜橙、萱草、紫玉兰、棕榈、白菜、菖蒲、臭椿、枸杞、构、蕙兰、姜、芥菜、榉树、栎类、茉莉花、女贞、佩兰、苹果、朴树、漆、槭类、茄、楸树、石楠、水仙、粟、藤萝、香椿、香附子、银杏、芋、郁李、月季花、栀子	73
0%~0.9%	碧桃、柽柳、慈竹、大豆、荻、杜鹃、杜梨、杜若、方竹、桂竹、胡桃、黄杨、稷、建兰、君迁子、苦竹、雷竹、凌霄、玫瑰、榕树、薯蓣、水芹、素馨花、甜瓜、孝顺竹、绣球、柞木、柘、榛、紫薇、紫荆、紫竹、艾、白蜡树、败酱、荸荠、茶梅、车前、莼菜、葱、地黄、滇山茶、番薯、榧、凤尾竹、甘蔗、含笑花、合欢、何首乌、葫芦、虎杖、黄檗、黄连、黄栌、藿香、夹竹桃、剪秋罗、箭竹、	108

出现频率	植物名称	植物种类
	金樱子、茺草、粳稻、蕨、蜡梅、椰榆、藜、楝、龙眼、萋蒿、金竹、马缨丹、麦冬、毛竹、美人蕉、木莲、苜蓿、南天竹、苹婆、蘋、菩提树、七叶树、茜草、磬口蜡梅、忍冬、山楂、实竹子、寿竹、鼠李、水竹、苏铁、酸浆、酸枣、桫椤、贴梗海棠、葶苈、西番莲、苋、小麦、荇菜、椰子、薏苡、翚粟、迎春花、虞美人、芸香、枳、紫丁香、紫苏、棕竹	

出现频率在一定程度上可以反应明代园林中的植物种类使用偏好，出现频率在10%以上的植物种类具有一定代表性。故整合明代园记中出现频率为10%以上的植物种类发现，总体呈现以乔灌木为主、注重植物的观赏价值、偏好具有文化底蕴的植物（表2.3）。

表 2.3 明代园记植物出现频率在 10% 以上的植物种类

序号	文中名称	科属	种名	学名	记载次数	出现频率
1	竹	禾本科	竹类	——	186	72%
2	梅	蔷薇科李属	梅	*Prunus mume*	128	49%
3	松	松科松属	松类	*Pinus* spp.	103	40%
4	柳	杨柳科柳属	柳类	*Salix* spp.	84	32%
5	桃	蔷薇科李属	桃	*Prunus persica*	76	29%
6	桂	木樨科木樨属	木樨	*Osmanthus fragrans*	53	20%
7	侧柏/柏	柏科侧柏属	侧柏	*Platycladus orientalis*	46	18%
8	牡丹/绿蝴蝶/黄紫	芍药科芍药属	牡丹	*Paeonia × suffruticosa*	46	18%
9	芙蓉/莲/荷/芙蕖/荷蕖/芰荷	莲科莲属	莲	*Nelumbo nucifera*	38	15%
10	李/杏李	蔷薇科李属	李	*Prunus salicina*	33	13%
11	杏	蔷薇科李属	杏	*Prunus armeniaca*	31	12%
12	海棠/蜀府海棠/蜀棠/西府海棠/海红/垂丝海棠/蜀府垂绿海棠	蔷薇科苹果属	海棠类	*Malus* spp.	29	11%

序号	文中名称	科属	种名	学名	记载次数	出现频率
13	橘/柑橘/柑桔/木奴	芸香科柑橘属	柑橘	*Citrus reticulata*	26	10%

2.2.1 以乔灌木为主

出现频率10%以上的植物，生活型以乔木或灌木为主，即多为木本植物。高大的乔木在园林中可起到骨干作用，如松、柏、柳等，它们的株型高大，枝干或通直或姿态优美，枝叶繁茂，植于园中，其遮蔽程度有如踏入山林野径，是营造"城市山林"之景必不可少的植物。小乔木如木樨、柑橘等，灌木如牡丹等，则常为景观点睛之笔，与高大乔木相配合，组合成高低错落、变化有致的景观。

2.2.2 注重植物的观赏价值

明代园林喜好应用的植物种类多数具有较高的观赏价值，观花、观果和观叶三者皆有，且以观花植物最多。观花植物以蔷薇科为主，如梅、桃、李、杏和海棠类，其中梅的出现频率为49%，桃为29%，均高居前五。高占比和高出现频率与蔷薇科花木有着较好的观赏性有关，花开极盛，是园林春季花景的重点植物。可观花者还有桂花、牡丹、莲等，花色多样，花香令人沉醉。王象晋于《二如亭群芳谱》中的"花谱小序"中写道："而荣枝开落，辄动欣戚，谁谓寄兴赏心，无关情性也"，花木的荣枯开落为园林增添生机，也影响着观赏者的心境。除了观花的植物，还有观叶者如竹、松、柏、柳等，以及观果者如柑橘和蔷薇科植物秋季所结的果实。出现频率10%以上的植物种类应用体现了明人对繁花、盛叶和丰实的追求和偏好，也体现了他们对植物观赏性的重视。

2.2.3 偏好具有文化底蕴的植物

出现频率在10%以上的植物种类多是具有历史沉淀的植物种类。这些植物最早都可见载于先秦典籍中，如梅见载于《尚书·说命》："若作和羹，尔惟盐梅"；桃和李见载于《山海经》："边春之山，多葱、葵、韭、桃、李"；

柳也见载于《山海经》："沃民之国，有白柳"；梅、桃和杏均在中国最早的一部历法《夏小正》中出现过，正月"梅、杏、杝桃则华"。历史的流转也为这些植物赋予了丰富的文学色彩，这13种植物皆出现在《诗经》或《楚辞》中。与竹类植物相关的《卫风·淇奥》、与梅相关的《召南·摽有梅》、与松相关的《郑风·山有扶苏》和《小雅·斯干》等、与桃相关的《周南·桃夭》、与柳相关的《小雅·采薇》、与木樨相关的《九歌·大司命》以及与柏相关的《邶风·柏舟》等。明代园记作者对这些具有文化底蕴的植物颇为偏爱。

在这些植物中，竹、梅和松的出现频率较高，这三种植物极具文化寓意，并称为"岁寒三友"。明人对这三种植物颇为喜爱，明代文人顾清于《菊隐轩记》中便提及岁寒三友："物之清贞而可爱者有三：松也，竹也，梅也，所谓岁寒三友者"。其中竹类植物出现频率高达72%，远高于其他植物种类。明代文人陈谋对竹、松和梅三者进行评价时，认为竹更具直气雅韵："松之清以直气，梅之清以雅韵，而竹兼之"，可见明代对具有文化底蕴的植物的应用以竹为最。根据明代园记的记载，凡有园林几乎必有竹。长江以南水乡之地多生竹，故江南园林多以竹为景，既能节约成本，又能体现园中的清雅之姿。即使是"得竹弥难"的北京，爱竹之人也千方百计将竹引于园中，唐顺之的《任光禄竹溪记》中记载："而京师人苟可致一竹，辄不惜数千钱。"更有爱竹甚者建设以竹为主的园林，如建于陕西西安的两君子亭，园主人江盈科爱竹与莲，称竹"中虚外劲，岁寒不渝"，于自己读书处建亭，保留原址中的各种竹类，并于池中种莲，以示心中的高洁之志。

2.3 植物功能价值分析

明代园记中记录的植物种类，主要有三种功能价值：第一类是观赏植物类，第二类是食用植物类，第三类是药用植物类。其中观赏植物类最多；食用植物主要为粮食、瓜果和蔬菜等；药用植物主要有中草药和香草等。

2.3.1 观赏功能

植物作为园林中最具生命力的组成要素，以其"干、叶、花、果"的姿态、疏密、色彩、质感等观赏特性而深受人们关注。植物的枯荣变换和随季节而变的四时风貌，使观赏者触景生情，产生无限的遐想，许多文人因此留下千古流传的诗词歌赋、名言佳句，为植物的观赏性赋予了更多"诗情画意"的色彩。

明代园记中所记述的植物大多数为观赏植物，与山石水池交相辉映，为庭园增加自然气息。园中植物或古木参天、绿树葱茏，或香花满盈、香草扑鼻，或寿藤掩映、美筱环绕，各类型植物错落有致，花事稍阑，浓绿继美，四时之景各异。结合植物的观赏特性可将其具体分为观花、观叶和观果三种类型（表2.4）。

（1）观花

从观赏特性来看，观花植物的运用最受青睐。明代文人名士爱花，许多园林中"花品繁至不可计"，他们偏好花开的盛况，五彩纷呈的景观，由景入眼入心，入画入诗。

观花乔木应用最多的为梅，如陈所蕴笔下的"香雪岭"，张宝臣熙园中的"众香国"，江元祚横山草堂中的"法华"老梅，以及孤山疏影的梅林，如此种种，明代文士爱梅可见一斑。观花灌木应用最多的为牡丹，牡丹的栽培与观赏盛于唐代，刘禹锡一句"唯有牡丹真国色，花开时节动京城"唱响牡丹"花王"的称号，唐宋时期对牡丹的栽培和育种进行了详细的研究。明代关于牡丹培育的著书立说更加丰富，如高濂的《牡丹花谱》和薛凤翔的《牡丹八书》《亳州牡丹史》等。胜园皆配牡丹，牡丹品类繁多，明代孙国敉的《燕都游览志》所记录的宣家园牡丹为京城第一；武清侯别业"清华园"中的牡丹丰富而各异。观花草本以荷花和菊花居多，荷花出淤泥而不染，菊花开尽更无花，自古以来这两种植物受到了文人名士的追捧，明代的园林应用也不遑多让，有水则有莲，有圃则有菊。李维桢的《古胜园记》描述了古胜园内池中"蓄金鳞白莲"；陈继儒的《许秘书园记》中记载了园内种有莲的"莲沼"。韩雍于《蓉溪草堂记》中记其园内"植佳菊百本"；苏志皋在《枸罕园记》中记录的植菊小径"两旁种菊各三径，形色相间，花时如缬锦，然虽义无所取"。观花藤本应用最多的为木香和荼蘼，二者常被架设为棚、为屏、为篱，高架万条，望如香雪，既可遮阴、观赏，又能起到隔离空间的作用，深受园主喜爱。《后乐园记》中描写了植于道旁为屏障的荼蘼："入扉，循台棚之间，行及半，乃转而北，两荼蘼当道，联络蒙蔚而豁其中，若岩洞然"；《学园记》中也记有以木香、蔷薇和荼蘼等藤本植物为屏的景观："架黄白木香、五色蔷薇、月季、荼蘼为屏障"。

（2）观叶

观叶植物多集中于乔木和竹类，观叶通常是观赏叶色变化和叶片形态。叶色变化让游园者深刻体会到四季变化，明代园记中记录了许多秋色叶植物，如银杏、梧桐、白蜡、槭类植物等。明代张岱在《陶庵梦忆》中提到："（巘花阁）秋有红叶"；袁中道在《奕园记》中写道："新梧初引，萧露晨流……其景入秋为胜"。叶片形态的多样也受到关注，如袁中道的《楮亭记》便记录了楮树叶片："而楮叶皆如掌大，其阴甚浓，遮樾一台"。柳也常用于观赏其柔软的枝叶形态，明代刘侗的《帝京景物略》中描写柳树："夏，丝迢迢以风，阴隆隆以日"。竹类植物和芭蕉的叶片形态也颇受喜爱，文人入画爱刻画竹叶和芭蕉叶，其独一无二的叶片样式是其他植物无可替代的。

（3）观果

观果植物多为春华秋实的小乔木或灌木，以蔷薇科植物为主，还有芸香科的柑橘、甜橙、香橼和金柑（金橘）等，这些植物的果实或硕大或色彩明艳，具有较好的观赏性。

明代园记中记录了许多以果木为主的景观。明代卢象升的《湄隐园记》写道："橘、柚、葡萄、香橼、佛手、银杏之属，枝柯已极可玩，果实复具珍珠"，其园林中以芸香科果木为主，认为这些植物的枝叶可观赏，果实更是如珍珠般圆润可爱。明代唐汝询的《偕老园记》也记载了其园中的芸香科果木："杂卉之外，树橙橘、香橼之属，秋得其实，冬取其荫，望之森然"，橙、橘、香橼秋天结实，冬天常绿，一眼望去果实丰盛且枝叶浓密。明代徐有贞的《西湖草堂记》记载了桃和梅等的果实："至于芙蕖菱芡之被其中，怪柳桃梅之植其旁，春敷其荣，秋结其实，暑清而寒瀞，霏云霞而丽风月，涵光景而浴星辰，实一方之奇观也"，桃和梅的累累果实丰富了秋天美丽的风景。

表 2.4 明代园记中观赏植物的种类

生长特性/观赏特性		植物种类/记载次数	种类数量
乔木	观花	木莲/1、玉兰/16、紫玉兰/4、含笑花/1、蜡梅/1、樟/5、	16

生长特性/观赏特性		植物种类/记载次数	种类数量
乔木		梨/24、海棠类/29、桃/76、碧桃（千叶碧桃）/2、绯桃（绯白桃)/6、杏/31、梅/128、李/33、樱桃/14、石榴/10	
	观叶	苏铁/1、银杏/3、松类/103、侧柏/46、圆柏/17、榧/1、胡桃/2、杨类/16、柳类/84、栎类/2、柞木/2、榆树/22、榔榆/1、榉树/3、朴树/3、桑/19、构树/3、柘/2、榕树/2、菩提树/1、木樨/47、槭类/3、石楠/3、槐/21、臭椿/4、香椿/4、楝/1、黄栌/1、梧桐/22、柽柳/2、君迁子/2、白蜡树/1、梓树/5、楸树/3、棕榈/4、椰子/1、杪椤/1	37
	观果	杨梅/6、山桐子/4、山楂/1、枇杷/10、苹果/1、花红/6、海棠类/4、梨类/24、桃/76、杏/31、梅/128、李/33、樱桃/14、柚/9、柑橘/26、甜橙/4、香橼/6、龙眼/1、枣/11、苹婆/1、石榴/9、柿/9、枸杞/3	23
灌木	观花	牡丹/46、山茶/5、茶梅/1、绣球花/2、蔷薇/15、玫瑰/2、月季/3、郁李/3、合欢/1、紫荆/2、木芙蓉/23、木槿/5、紫薇/2、杜鹃/2、丁香/1、木樨/53、茉莉/3、迎春/1、素馨/2、夹竹桃/1、栀子/3	21
	观叶	南天竹/1、女贞/3	2
草本	观花	芍药/20、水仙/3、菖蒲/3、莲/38、菊花/23、佩兰/3、春兰/13、蕙兰/3、建兰/2、虞美人/1、罂粟/1、秋海棠/4、萱草/4、美人蕉/1、香蒲/5、荇菜/1、剪秋罗/1	17
	观叶	欧菱/10、菰/5、芦苇/9、棕竹/1、绿萝/4、麦冬/1、芭蕉/9、苋/1、蕨/1	9
竹类	观叶	竹类/186、毛竹/1、桂竹/2、斑竹/6、紫竹/1、水竹/1、金竹/1、寿竹/1、雷竹/2、方竹/2、实竹子/1、苦竹/2、箭竹/1、孝顺竹/2、凤尾竹/1、慈竹/2	16
藤本	观花	木香花/10、重瓣空心藨/9、紫藤/7、藤萝/3、马缨丹/1、凌霄/2、忍冬/1	7
	观叶	薜荔/5	1
	观果	葡萄/5、西番莲/1	2

2.3.2 食用功能

中国古典园林起源于囿、台和园圃，依据《周礼》："园圃树之果瓜，时敛而收之"以及《说文解字》："园，所以树果也；树菜曰圃"等释义可知，早在先秦时期，就有在园中或是宅旁种植枣树、桑树或是蔬果之类的习惯，至明清时期，种植食用植物的传统仍在延续。

明代李维桢的《雅园记》中记载了海阳商山吴氏的季园植物丰富，其中食用植物如谷物、果实、蔬蓏等不胜其数。"果实则有梅枣、梨栗、李杏、柿栌桲榛、橡栎橘柚、葡萄、林檎、枇杷、若榴、燕薁、三桃、三奈及椒桂之属；蔬蓏则有瓜芋、姜芥、薤莼、笋蕨、藜芹、瓠茄、韭薤、芑苬、凫芘、藷芜、莲芰之属"[151]；王世贞的《澹圃记》中也提到园内种有大量果类、蔬类植物。"果园尤旷，所种皆柑橘、枨橼、桃李、来禽、樱胡、枇杷名品，又以其隙分畦栽艺紫茄、白芥、甘瓜、樱粟之属"。

根据明代王象晋的《二如亭群芳谱》，可将食用植物大致分成三类，即谷类、蔬类和果类。经统计，明代园记中提到的谷类植物有6种（类），蔬类植物有14种（类），果类植物有31种（类）（表2.5）。其中谷类植物相对较少，大多数谷类植物需要较大的种植场地，小规模的园林中应用较少；蔬类植物不仅可以食用，有些蔬类也具有较好的观赏性，如苬和蕨等，且种植所需的场地不大，可适用于大多数园林；果类植物在园林中的应用最多，且较大的园林中往往会建有果园，果类植物的果实可食可赏，如海棠、梨、桃、梅、枇杷、樱桃等，可观花、可赏果、可食用，栽培历史悠久，深受人喜爱；芸香科的植物如柑橘、柚等果实也颇受关注，柑橘因屈原一首《橘颂》而千古流传，成为文人笔下高尚品格的代表。

表 2.5 明代园记中食用植物的种类

植物类型	古名	种名	园记来源	植物总数
谷类植物	豆/菽	大豆	《灌园室记》《后乐园记》《寓山注》《荪园记》	6
	黍	稷	《越中园亭记》	
	粟/秫	粟	《苦斋记》《南山隐居记》	
	薏苡	薏苡	《小百万湖记》	
	麦	小麦	《南山隐居记》	
	秔	粳稻	《游溧阳彭氏园记》《南山隐居记》	
蔬类植物	苜蓿	苜蓿	《露香园记》	14
	葵	冬葵	《灌园室记》《古胜园记》《西园记》《雅园记》	
	茄/紫茄	茄	《澹圃记》《寓山注》《雅园记》	

续表

植物类型	古名	种名	园记来源	植物总数
	芋	芋	《灌园室记》《拙政园赋》《雅园记》	
	红薯	番薯	《寓山注》	
	瓠	葫芦	《雅园记》	
	薯蓣/藷芜	薯蓣	《南园赋》《雅园记》	
	韭/韮	韭	《灌园室记》《游郑氏园记》《雅园记》	
	葱	葱	《灌园室记》《古胜园记》《澹圃记》《西园记》《荪园记》《翠影堂记》	
	菘	白菜	《吕介孺翁斗园记》《西园记》《快园记》	
	芥/白芥	芥菜	《澹圃记》《西园记》《雅园记》	
	芹	水芹	《雅园记》《奕园记》	
	雁来红/苋	苋	《快园记》《雅园记》	
	蕨	蕨	《雅园记》《葑溪草堂记》	
果类植物	银杏	银杏	《葑溪草堂记》《湄隐园记》《皆可园记》	31
	榧	榧	《南园赋》	
	杨梅	杨梅	《先伯父静庵公山园记》《归田园居记》《学园记》《两垞记略》《隚洲园记》	
	胡桃	胡桃	《葑溪草堂记》《山居赋》	
	榛	榛	《雅园记》《南园赋》	
	栗/丹栗	栗	《影园自记》《寓山注》《皆可园记》《雅园记》《偶园记》《北园记》《南山隐居记》《南园赋》	
	楂	山楂	《快园记》	
	枇杷	枇杷	《弇山园记》《先伯父静庵公山园记》《愚公谷乘》《澹圃记》《学园记》	
	海棠/蜀府海棠/西府海棠/海红/垂丝海棠	海棠类	《影园自记》《弇山园记》《陶庵梦忆》《春浮园记》《隚洲园记》	
	柰	苹果	《皆可园记》《山居赋》《雅园记》	
	来禽/林檎	花红	《弇山园记》《先伯父静庵公山园记》《王氏拙政园记》《归田园居记》《太仓诸园小记》《澹圃记》《学园记》《雅园记》	
	梨	梨类	《后乐园记》《枹罕园记》《影园自记》《弇山园》《先伯父静庵公山园记》	

植物类型	古名	种名	园记来源	植物总数
	桃	桃	《后乐园记》《帝京景物略》《吕介孺翁斗园记》《古胜园记》《枹罕园记》《影园自记》	
	杏	杏	《后乐园记》《枹罕园记》《影园自记》《娄东园林志》《先伯父静庵公山园记》	
	梅	梅	《帝京景物略》《吕介孺翁斗园记》《古胜园记》《影园自记》《乐志园记》	
	李	李	《弇山园记》《娄东园林志》《先伯父静庵公山园记》《归田园居记》《太仓诸园小记》	
	樱桃/含桃/朱樱/樱胡	樱桃	《集贤圃记》《葑溪草堂记》《拙政园赋》《越中园亭记》《西塍小隐记》	
	柚	柚	《集贤圃记》《南园书屋记》《拙政园赋》《皆可园记》《泷园记》	
	橘/柑橘/柑桔/木奴	柑橘	《娄东园林志》《王氏拙政园记》《澹圃记》《葑溪草堂记》	
	橙	甜橙	《先伯父静庵公山园记》《学园记》《偕老园记》《奕园记》《山居赋》	
	龙眼	龙眼	《南园赋》	
	枣	枣	《山居赋》《南园赋》《雅园记》《北园记》《皆可园记》《陶庵梦忆》《葑溪草堂记》《南园书屋记》《先伯父静庵公山园记》《弇山园记》《后乐园记》	
	葡萄	葡萄	《后乐园记》《南园书屋记》《湄隐园记》《豫园记》《雅园记》	
	苹婆	苹婆	《太仓诸园小记》	
	石榴/榴/安榴/若榴	石榴	《月河梵苑记》《山居赋》《雅园记》《西塍小隐记》《皆可园记》	
	櫴柿/海门柿/极柿/柿	柿	《先伯父静庵公山园记》《葑溪草堂记》《山居赋》《南园赋》《南山隐居记》《苏园记》《雅园记》《东庄记》《皆可园记》	
	蔗	甘蔗	《南园赋》	
	胥余	椰子	《先伯父静庵公山园记》	
	甘瓜	甜瓜	《澹圃记》	
	芡	芡	《西湖草堂记》《复清容轩记》《余乐园记》《白鹤园自记》《越中园亭记》《湄隐园记》《先伯父静庵公山园记》《娄东园林志》	

2.3.3 药用功能

对药用植物及其栽培的记载可追溯到两千多年前，《诗经》《山海经》《尔雅》等书分别记录了蒿、芩、葛、枣、橘等植物，既记载其食用价值也提到其药用效果，多数植物为药食同用，故二者的栽培发展较为同步。自最古的一部本草《神农本草经》和秦汉时期第一部医书《黄帝内经》的问世到明代李时珍所著的《本草纲目》，历经2000多年，药用植物涵盖范围越来越广，而园记中多数植物以观赏为主，故仅对明确为药用的植物进行记录。

明代园记中有药圃的记载，如朱长春的《天游园记》中的"周无垣，列柏为栅，四隅皆隙，为圃，圃种药"；王行的《何氏园林记》中的"山之麓有泉林，有茶坡，有花坞，有杏林，有药区"。整合所收集园记中所提及的药用植物，共计21种（类）（表2.6），出现频率最多的为"川芎""白芷""萱草"和"蓼蓝"，皆为4次以上。明代著名药草专著《本草纲目》对川芎、白芷、萱草和蓼蓝都有记载，并细载其药用价值。

明代园记也记录了上述4种药用植物在药圃中的种植，如吴廷翰的《小百万湖记》中的："西南为药圃，莳苏与莎，间以门冬、蘼芜、薏苡之类"，园记中记录了其药圃中的苏（紫苏）、莎（香附子）、门冬（麦冬）、蘼芜（川芎）和薏苡，其中以紫苏和香附子为主。但大多数明代园记对这些药用植物的记载并不注重其药用效果，多将其置于卉草之列，如王世贞的《先伯父静庵公山园记》中详细罗列了静庵公山园中的卉草种类："卉草则蜀茶、海棠、辛夷、玉兰、蕙芷、穹穷、搏且、芙蓉、芍药、牡丹、含欢、忘忧、青萝、苍荔之属"；李维桢的《雅园记》中对药用植物的记载也是如此，将川芎（蘼芜）和蓼蓝（蓼）与花草列在一起，如"花草则有舜华、茹芦、玉兰、海棠……蘼芜、杜若、江蓠、昌歜、茉莒、蘠蘼、雕胡、葛藟、艾蓝、蓼蓁之属"。除了药用价值以外，多数药用植物的全株或花、果等具有特殊香味，早于春秋时期便深得文人喜爱，士人多爱佩戴。《楚辞》中多运用香草植物隐喻人的高尚品德，深刻影响了后世对植物的看法。明代文人于园林中种植此类带有香气的药用植物也有借以隐喻自己的品德和名节之意，故药用香草植物在明代园林中的种植也常有涉及。

表 2.6 明代园记中药用植物的种类

序号	古名	种名	园记来源	记载次数
1	穹穷/蘼芜/江蓠	川芎	《先伯父静庵公山园记》	5
2	芷/白芷	白芷	《先伯父静庵公山园记》《锦溪小墅记》《游郑氏园记》《南园书屋记》	4
3	忘忧/萱草	萱草	《春浮园记》	4
4	蓼	蓼蓝	《澹圃记》《东庄记》《奕园记》	4
5	兰草	佩兰	《冶麓园记》	3
6	昌歜/菖蒲	菖蒲	《湄隐园记》《小百万湖记》《雅园记》《泷园记》	3
7	莎	香附子	《影园自记》《瀑园赋》	3
8	游冬/苣	败酱	《苦斋记》《雅园记》	2
9	黄檗	黄檗	《先伯父静庵公山园记》	1
10	黄连	黄连	《苦斋记》	1
11	苦杖	虎杖	《苦斋记》	1
12	亭历	葶苈	《苦斋记》	1
13	地黄	地黄	《苦斋记》	1
14	蒇	酸浆	《苦斋记》	1
15	杜若	杜若	《雅园记》	1
16	茉苢	车前	《雅园记》	1
17	蔄萎	蒌蒿	《雅园记》	1
18	艾	艾	《雅园记》	1
19	菉	荩草	《雅园记》	1
20	苏	紫苏	《小百万湖记》	1
21	门冬	麦冬	《小百万湖记》	1
22	薏苡	薏苡	《小百万湖记》	1

第3章
明代园记中的植物种植应用手法

　　园记多记录私家园林，且明代园记中记录植物应用的园林类型也多为私家园林。因此，本书中以明代私家园林为研究对象，从植物的种植空间、种植形式及与其他园林景观要素的搭配等方面对明代园记中的植物应用手法进行分析。因为园记记载多为文字，很少有图片表达当时的园林景观，所以本章在对植物应用手法进行相关论述时，结合明代相关画作作为示意，以便于理解。

3.1 不同空间的植物应用

　　古人对园林建设的审美以其自然度为评判标准，计成的《园冶》中评价最高的园林建设原则便是"虽由人作，宛自天开"，明代文人和造园家们也以营建"城市山林"为荣，而"城市山林"不可缺少水、石、花木。此外，造园除了再造自然外，园主人还需有停留观景之处、幽居避世之所和生活生产之圃。故结合明代园记中提到的各式园林空间，分为庭院空间、山石空间、水景空间和圃地空间，下文对这四种空间中常用的植物应用手法进行整理，分析明代园林不同空间的植物选择和植物景观营造。

3.1.1 庭院空间的植物应用

　　私家园林大多数为宅园，是园主人日常游憩、娱乐、交友的场所，在园林中占据着重要位置。宅园或紧邻邸宅后方成园，成"前宅后院"的形式，或依附于邸宅一侧，成"跨院"的形式，故宅园中分布有大量由建筑围合而成的庭院空间。明代园记中所描绘的庭院空间也常为建筑所围合成，常置有精致的小景，如孙国光的《游勺园记》中的"堂前古石蹲焉，枯子松倚之"，便记录了勺园中勺海堂前的松石小景。下文以园记中记录庭院常出现的"庭""墀""堂"为检索关键词，收集明代园记中关于庭院空间的描写语句共107条（表3.1），深入分析其植物种类和应用手法。

在植物种类上：① 庭院空间的植物以乔木为主，其中作为骨架和遮阴功能的大乔木多选择松、柏、梧桐、槐等，中小乔木多选择海棠、玉兰、桃、梅、桂等观花价值高的植物。② 灌木主要选择牡丹。③ 草本植物也多有应用，主要为芍药、芭蕉、菊、萱草等。④ 文人偏爱的竹较为常见。可以看出，庭院空间的植物种类应用总体呈现以高大乔木为庭院骨架，以花木、竹类为观赏主体，以草本花卉为点缀的特点（图3.1）。且多选用具有传统文化底蕴和良好寓意的植物种类。

从植物应用手法描写语句中提炼出关键词，统计其记录次数，排名靠前的关键词主要有老树、高树、古树、绿荫、花木、竹木、花台和盆景8个。在植物应用手法上，这些关键词可以归纳为三种模式：一为广衍庭除、古树如盖；二为花木竹木、或华或雅；三为花台盆景、点睛之笔（图3.2）。

表 3.1 明代园记中庭院空间的植物应用描写语句示例

关键词	园记名称	庭院空间的植物应用描写语句示例
庭	《燕都游览志·定国徐公别业》	**庭**有垂杨。
	《影园自记》	入门曲廊，左右二道，左入予读书处，室三楹，**庭**三楹，虽西向，梧、柳障之，夏不畏日而延风。
	《娄东园林志·东园》	启扉得广**庭**，深余十丈，横杀之，上架紫藤，当开时，绝胜。
	《愚公谷乘》	过水带阁，为晚菘斋，五楹三轩，**庭**列高梧二，广台二丈，杂莳花卉，为栏栏焉，是余读书处。
	《游金陵诸园记·西园》	堂差小于东之心远堂，广**庭**倍之。前为月台，有奇峰古树之属，右方栝子松，高可三丈，径十之一，相传宋仁宗手植以赐陶道士者，且四百年矣。
	《游金陵诸园记·徐九宅园》	前为广**庭**，庭南朱栏映带，俯一池，池三隅皆奇石，中亦有峰峦、松、栝、桃、梅之属。
	《游金陵诸园记·杞园》	入门，得堂三楹，南向，**庭**中牡丹数十百本，五色焕烂若云锦。
	《归园田居记》	自竹邮又西折，从南为饲兰馆，**庭**有旧石数片，玉兰、海棠，高可蔽屋，颇堪幽坐。

关键词	园记名称	庭院空间的植物应用描写语句示例
	《逸圃记》	寝西循修廊，达远志斋。**庭**户靓洁，丛植上药浓花，绿醉红迷，与园亭隔绝，迥然别贮一洞天矣！
	《游东亭园小记》	**庭**中空缺处，则以古梅补之，皆不能活。
	《郭园记》	**庭**之前叠秀石，瞵瑞岑釜，为堪险，为陉阪威夷，上阴蹬环转，翳以珍木、甘果、异卉。
	《何氏园林记》	而曲山之南则将筑为丹室，辟为桂**庭**，庭外为松门。
	《瞻竹堂记》	府君性爱竹，尝植竹于庭，翛然有园林之气，盖尝扁其轩曰可竹，故贺感楼先生为记之。
	《游练川云间松陵诸园记·归有园》	堂五楹，中可布十几而已，**庭**有槐、杏各一株，差古。
	《结庐孤山记》	中为堂，左右二室，卧榻在焉。前辟广**庭**，后半之，俱植芭蕉。启北扉，则岩石乱松，青翠溢目前。庭留旧竹数竿不芟，待其生孙。又植桐二于竹西，槁其一，瓮其中丈许，以容露。坐则青山出于屋角，高树映接，使人意远。
		徒旧而青黄之，广不盈廿肘，纵半之，庖富附焉。前亦为广**庭**，植梅三，其一几槁而苏。
	《苏园记》	少进，为丽桂斋。广**庭**列植四，桂斋当之，聚经生隆师都讲地也。
	《翠影堂记》	栏外有方**庭**，植榉梧二三本，修竹百竿，杂以芭蕉……
	《愚公谷乘》	**庭**前叠石为台十层，层植牡丹十余本，合计得百余本。
墀	《影园自记》	窗外方**墀**，置大石数块，树芭蕉三四本，莎罗树一株，来自西域，又秋海棠无数，布地皆鹅卵石。
	《愚公谷乘》	出谶谶亭为在阿，有**墀**方广，周遭粉堞，围以红桃，缀以秀筱。
		后**墀**玉兰十二株。……从堂向左折而北，有廊，左右有墀，墀俱有竹，竹间有屋二楹，曰韵含。
		尽廊皆有**墀**，长阔亦如廊之数，每间植桂一株。
堂	《燕都游览志·勺园》	**堂**前怪石蹲焉，梧子松倚之。
	《帝京景物略·英国公园》	**堂**之楸、朴老，不好，奇矣，不损其古。
	《帝京景物略·成国公园》	园有三**堂**，堂皆荫，高柳老榆也。左堂盘松数十科，盘者瘦以矜，干直以壮，性非盘也。右堂池三四亩，堂后一槐，四五百岁矣。
	《帝京景物略·白石庄》	一往竹篱内，**堂**三楹。松亦虬。海棠花时，朱丝亦竟丈。老槐虽孤，其齿尊，其势出林表。后堂北，老松五，其与槐引年。
	《慈竹轩记》	正**堂**北种竹数十百个，滋植茂甚，母悦之，因名侍膳之所曰"慈竹轩"。

关键词	园记名称	庭院空间的植物应用描写语句示例
	《枹罕园记》	**堂**前种竹二丛，颇有拂云之势，两旁种菊各三径，形色相间，花时如缬锦，然虽义无所取。
	《影园自记》	**堂**下旧有蜀府海棠二，高二丈，广十围，不知植何年，称江北仅有，今仅存一株，有鲁灵光之感。
	《弇山园记》	**堂**五楹，翼然，名之弇山，语具前《记》。其阳旷朗为平台，可以收全月，左右各植玉兰五株，花时交映如雪山琼岛，采而入煎，啜之芳脆激齿。堂之北，海棠、棠梨各二株，大可两拱余，繁卉妖艳，种种献媚。
		堂三楹踞之，殊轩爽，四壁皆洞开，无所不受风，间植碧梧数株，以障夏日耳，名之曰凉风堂。
	《娄东园林志·王氏园》	前后**堂**楹各具，种牡丹，多至三百本；菊再倍。
	《娄东园林志·王氏麋场泾园》	**堂**之阳有台，列怪石名卉，东西修竹，亘数百步。
	《先伯父静庵公山园记》	**堂**之南有台，列怪石名卉，东西修竹绵亘数百武。
	《谐赏园记》	轩前多植桂树，**堂**前杂莳众卉。
	《寄畅园记》	阁东有门入，曰栖玄堂，**堂**前层石为台，种牡丹数十本，花时，中丞公宴予于此，红紫烂然如金谷，何必锦绣步障哉！
	《游金陵诸园记·西园》	**堂**之背，修竹数千挺，来鹤亭踞之。
	《归园田居记》	又西数武，有**堂**五楹，爽垲整洁，文湛持取李青莲春风洒兰雪之句，额之曰兰雪堂。东西则树桂为屏，其后则有山如幅，纵横皆种梅花。梅之外有竹，竹邻僧庐，旦暮梵声从竹中来。
	《冶麓园记》	**堂**三楹，南向最为闳敞，高槐数株，骎骎欲干云，与堂蔽亏。友人欧阳惟礼篆书绿雨堂三大字颜之。
	《逸圃记》	其中为阳春**堂**，堂前檿木郁盘，多碧荔青萝，上萦下缀，几成一片锦，模糊似有香缨宝网曳风捎云而下者。
	《晓园记》	其**堂**之后，绕以朱栏，芙蕖纷披其后，当盛夏时更清芬袭人。其堂之右，为绛雪斋。柏屏萝径，灌水周朝。又其旁为远阁，可供远眺。梧阴高百尺，而阁临其上，拾级而登，邑中之烟火雉堞，皆鳞集于前。
	《小昆山读书处记》	中有**堂**三楹，颇整靓，斑竹千竿拥之，苍翠袭几席，曰湘玉堂。侧室蕉数本辅之，以长夏弄碧可念，曰蕉室。
	《太仓诸园小记·王氏园》	左方池稍广，前**堂**五楹，后廊槅如之。种牡丹多至三百本，菊之倍者再。
	《滄圃记》	而于鞠尤盛，其种以数十，计花时移盘，明志**堂**皆满，本以数百计。牡丹虽小简，亦埒之。

关键词	园记名称	庭院空间的植物应用描写语句示例
	《游东亭园小记》	**堂**五间，去地可五六尺，三面皆长廊。松桂老梅皆二百余年物，桂尤盛，尽高出屋。
	《蒨溪草堂记》	而作**堂**三楹于其北，堂前植幽兰数本，左右植老桂两株，后近垣植篆竹三百竿，大可合围，高可四五丈，桂之外，西植斑竹，东植紫竹、黄金间碧玉竹其数，皆减篆竹之半，而高低小大亦各不同。
	《露香园记》	**堂**下犬石棋置，或蹲踞，或陵耸，或立，或卧，杂艺芳树，奇卉、美箭，香气苾弗，日留枢户间。
	《日涉园记》	东入白板扉为知希**堂**，有古榆，大可二十围，仰不见木末；又古桧一株，双柯直上，皆数百年物也。园盖得之唐氏，惟此二木及池上一梨，尚为唐氏故物。
	《越中园亭记·酬字堂》	**堂**前樱桃最盛，曾谦甫赋之。
	《越中园亭记·康家湖园》	有**堂**在垂柳之下，更觉以幽邃胜矣。
	《陶庵梦忆·天镜园》	天镜园浴凫**堂**，高槐深竹，樾暗千层。
	《陶庵梦忆·瑯嬛福地》	**堂**前树娑罗二，资其清樾。
	《遗善堂名物记》	面山有**堂**曰东奥，取柳龙城奥如也之义。东奥之左介植牡丹，曰天香室。右介芭蕉数本，曰绿净轩。
	《东庄记》	有屋三楹，名之曰西**堂**。堂北有台有栏，植两种芍药，名之曰寄谑。前楹之西，西山群峭摩空，青时刺人目。南梧桐数十株，柯叶庵蔼，炎暑为之清凉，名之曰引新送爽。
	《雅园记》	**堂**后由东而西，山如堵墙，有竹万个，孚尹之色，琳琅之韵，耳目应接不暇。
	《素园记》	西为容春**堂**，前叠宣州石三，各有奇状。左右石台、草木、芍药累百，花时烂若披锦，无处不佳，而园之观毕矣。
	《苏园记》	**堂**背为都房，慈孝竹一丛，几万竿。松一株，偃蹇抑郁，无复凌云望。
	《遂园记》	当室割其东为大雅**堂**，其西树松杉桧柏数十章，大者可芘一乘。
	《竹安园记》	稍前，则金粟**堂**，老桂丛生其中。
	《娄东园林志·王敬美澹圃》	右庑如左，启扉寥廓，平台前为小池，叠石滋牡丹，中为三楹，曰明志**堂**。
	《归有园记》	**堂**之前，鳌石为露台。台侧树槐、杏各一，皆百年物，桧垣周缭之。
阶/除	《月河梵苑记》	池南入小牖，为槐室，古樗一株，枝柯四布，荫于**阶除**，俗呼龙爪槐，中列蛮墩四。
	《古胜园记》	楼后为轩五楹，旁各杀二，**阶**下二柏郁郁葱葱，望之有佳气。

关键词	园记名称	庭院空间的植物应用描写语句示例
	《影园自记》	庭颇敞，护以紫栏，华而不艳。**阶**下古松一、海榴一，台作半剑环，上下种牡丹、芍药，隔垣见石壁，二松亭亭天半。
	《乐志园记》	碧桃、紫竹，森蔚**阶**砌，予率两儿讲书处也。
	《娄东园林志·东园》	南泛藻野堂，堂岂然而大，**阶**下莳芍药满阡陌。
	《寄畅园记》	傍为含贞斋，**阶**下一松，亭亭孤映，既容贞白卧听，又堪渊明独抚。
	《愚公谷乘》	有曰椒庭者，在膏夏堂后，庭**除**数步，多植椒兰，……有曰洛如斋者，庭除亦仅数武耳。
	《冶麓园记》	**阶**前栝子松二株。又前为月台，叠石为山，东西两台，牡丹、兰草之属寓焉。
建筑前后	《帝京景物略·英国公园》	**阁**之梧桐又老矣，翠化而俱苍，直干化而俱高严。
	《月河梵苑记》	僧阁出小牖为梅**屋**，盆梅一株，花时聚观者甚盛，梅屋东为兰室，室中莳兰，前有千叶碧桃，尤北方所未有者。
	《影园自记》	媚幽**阁**三面临水，一面石壁，壁立作千仞势，顶植剔牙松二，即一字斋前所见，雪覆而敧其一，敧盖有势。
	《乐志园记》	曲**房**小构，绿荫垂檐，下有盆梅三十本，长不盈尺，而苍藓离奇，态不一状。
	《弇山园记》	盖至此而目境忽若辟者，高榆古松，与**阁**争丽，美荫不减竹中，而不为窈窕深黝，友人文寿承过此而乐之，古隶大书曰清凉界，甚怪伟，勒石立于桥之阳。
	《游金陵诸园记·西园》	**阁**前一古榆，其大合抱，不甚高，而垂枝下饮芙蓉沼，有潜虬渴猊之状。
	《王氏拙政园记》	又东，出梦隐**楼**之后，长松数植，风至冷然有声，曰听松风处。自此绕出梦隐之前，古木疏篁，可以憩息，曰怡颜处。
	《澹圃记》	堂之右，折而南为书**室**三楹，以居儿辈。牡丹之所不尽者，亦托植焉。
	《寿萱堂记》	为**屋**数楹，树萱草数十本，杂以音花异石，四时蔚茂，南總北牖，清温有其处焉，山樵水渔旨甘有其具焉，颜曰寿萱，良有以也。
	《西佘山居记》	三影**斋**之西偏，为西清茗寮，窗外有古梅修竹，更有睡香，氤氲酷烈。
	《横山草堂记》	从此左支，五折而进，则净供梵王，名"空蕴**庵**"。庵前梨树一株，疏秀入画，及夫花发，春雨微蒙，娇香冷艳，潇洒风前也。
		庭北有**阁**二，松翠翳日，云壑挂窗，署曰巢松、曰云肆。阁之南又有**轩**，结境虚敞，桐阴藓石，点缀阶前，竹露松风。
	《寓山注》	松径以北、折而西，得选胜**亭**，复折而东，有掌大地，石色至此益深古，叩之铿然作碎玉声，与修竹数竿，潇疏相应。

续表

关键词	园记名称	庭院空间的植物应用描写语句示例
	《陶庵梦忆·梅花书**屋**》	坛前西府二树，花时，积三尺香雪。
	《陶庵梦忆·不二斋》	不二**斋**，高梧三丈，翠樾千重；墙西稍空，蜡梅补之……夏日，建兰茉莉，芗泽浸人，沁入衣裾；重阳前后，移菊北窗下，菊盆五层，高下列之，颜色空明，天光晶映，如沈秋水；冬则梧叶落，蜡梅开，暖日晒窗，红炉毾㲪，以昆山石种水仙，列阶趾；春时，四壁下皆山兰，槛前芍药半亩，多有异本。
	《竹深亭记》	**舍**西有大竹数百竿，青秀敷腴，蓊若深谷，烦嚣攸祛，忘在阛阓，然居人莫知为胜。
	《静寄轩记》	前临七梧桐，绿荫覆**屋**，六月无暑。落成时桐花正放，名曰桐花庵。
	《东庄记》	距故园门百步而羡，有**楼**三楹，负垣而立。竹千个，作球琳琅玕色，风至，其声亦如之。
	《素园记》	手植八桂前楹，以象番禺，而纠绚之为**亭**，辅以佳木奇石。
	《荪园记》	东端为清凉**室**，蔽牖俱竹，密不受日月。西端为蜚肥**室**，卢橘岩桂，劲干离立，蒨葱可挹。翠柏一株，合抱扶疏，直干云霄，皆百年物。
	《遂园记》	吾先世故有古佛**庵**，庵当园西，方世祠大士，则唐像也。庵之西绕美箭，结椶亭隐其中，竹凉阴阴，署曰清凉界。
	《暂园记》	林际构亭，对亭为堂，**亭**侧列舍数间，贮所读书。旁为廊入，梅桂环拥。
	《春浮园记》	**阁**旁种玉兰、西府海棠之类，太真霑醉，午睡初足，虢国承恩，平明澹扫，凭栏静对，不惟忘忧，可以忘老。
	《隑洲园记》	由左径入者为扃扃斋，我心扃扃，逸诗语也。**斋**前有牡丹，有海红，有金橘。由右径入者为于于轩，其觉于于，漆园吏语也。**轩**前有石栏，西安公旧物，质理曼朴，昭其俭也。有凤尾蕉，有棕竹，有杨梅，而皆自墨丈室以达於台。
		降台，仍憩室中。当**室**，桂一，梔二，而苍莨竹自垣外卫之。
	《三洲记》	**阁**之前，后皆松，大数十围。
	《余乐园记》	**轩**有海棠一树，高丈许，花落如红雨。春日憩焉。有青梧数树，夏则纳凉其下，秋种菊几百种，冬倚古梅，作长啸声。
	《石首城内山园记》	有石楠一株最古，取以名其**馆**。
	《金粟园记》	中有书**屋**二，竹柏杂花具备。
	《双松书屋记》	**屋**旁有巨松二株，天矫盘亙，若螭龙斗而貔虎蹲。雨雪之晨，风月之夕，清音泠然，又如振葱珩而奏竽籁也。
	《挹爽轩记》	**屋**後修竹数百竿，萧萧飒飒。

关键词	园记名称	庭院空间的植物应用描写语句示例
	《友清书院记》	苍梧行台之前，除有古松三十株。高条天即松之西，作屋三楹，为休憩之所。移古梅十五株，修竹三百竿，环植之。
	《越中园亭记·读书台》	**台**前植五松，皆天目善本。
	《西塍小隐记》	入门而流憩，幽葩茂卉，古梅奇石，法书名画，交罗于慈节**堂**、梦椿**室**、耕读**轩**、把翠**亭**。
	《素园记》	其西种苍琅竹，疏豁耸秀，为栖凤**台**。
	《季园记》	**九苞**之右，石楠生焉。
	《白斋记》	**槛**外植梅二十余株，冬时盛开，万玉璀璨，被以密雪，铺琼叠练，内外交莹。
共计		107条

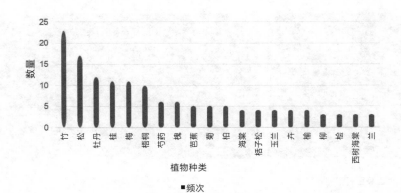

图 3.1 明代园记中庭院空间常用植物

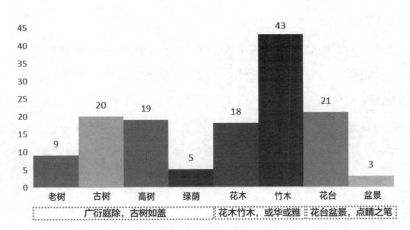

图 3.2 明代园记中庭院空间植物应用模式归纳图

（1）广衍庭除、古树如盖

明代园记中的园林庭院树木多"冠大""干古"，追求一树庇荫、庭院无暑的清凉感和枝虬冠浓、正立威严的肃穆感（图3.3）。扬州影园中冠大荫浓的乔木可使庭院"夏不畏日而延风"，苏州弇山园中的高榆古松既能"与阁争丽"，又能"美荫不减竹中"，形成城市山林中的"清凉界"。"枝虬干古"则带有更多的观赏性，庭院中多为有此类特征的"老树"，如《帝京景物略》中的英国公园中"堂之楸、朴老，不好，奇矣，不损其古"；白石庄中"老槐虽孤，其齿尊，其势出林表。后堂北，老松五，其与槐引年"；《游金陵诸园记》中的西园更是有一株宋朝古树，"右方栝子松，高可三丈，径十之一，相传宋仁宗手植以赐陶道士者，且四百年矣"，作者王世贞感叹其为"诸园之冠"。古树难得，位于庭中为园林增添了底蕴。

《山静日长图轴》局部　　　　　　《蓿溪草堂十景》局部

图3.3 庭院空间中"广衍庭除，古树如盖"示意

（2）花木竹木、或华或雅

花木多为明代庭院空间的主景，明人偏爱花开时的绚丽色彩。弇山园于正堂"弇山堂"前植有多株花木，堂左右植有玉兰，堂北侧植有海棠和棠梨；王心一的《归田园居记》中也记载了"饲兰堂"前的玉兰和海棠，"高可蔽屋，可堪幽坐"；《何氏园林记》中记载了"辟为桂庭"；《苏园记》中记载了"丽桂斋"。桃和梅也常见于庭院。庭院中各种花影满目，色彩华丽（图3.4）。

竹类作为明代园林最常见的园林植物，自是庭院中不可或缺的，多植于庭院中较为僻静处。《慈竹轩记》中，园主人母亲居住的院落植有数千竿竹；《乐志园记》中，于讲书处植竹；《小昆山读书处》中，湘玉堂前"斑竹千竿"，营造苍翠之境，予人以清幽之感；《瞻竹堂记》中，植竹于庭，"翛然有园林之气"。竹植庭中，能营造清秀雅致的意韵。

《销闲清课图卷》局部

图3.4 庭院空间中"花木竹木、或华或雅"示意

（3）花台盆景、点睛之笔

明人多喜欢于堂前或者庭中布置花台作为点景，其间种植各式花卉，尤以牡丹为多。牡丹品种良多，自唐代以来，对其栽培和种植之风不减，姚黄、魏紫堪称花王和花后，尤为珍贵。堂前的花台以牡丹为主，将牡丹的观赏高度抬至人眼位置，既增加了观赏层次，又体现了牡丹的尊贵，同时，立于庭院中的花台多为规整形状，与建筑平面相呼应，也增加了庭院的肃穆感（图3.5）。

《销闲清课图卷》局部　　　　　　　《明人十八学士图》局部

图3.5 庭院空间中"花台盆景、点睛之笔"示意

除了花台外，明人也喜好于庭中摆放盆景。文震亨于《长物志》中提到："盆玩，时尚以列几案间者为第一，列庭榭中者次之，余持论则反是"，他认为盆景列于庭院之中最为雅致。明人偏爱的盆景植物主要有梅、松、兰、菊和水仙等。依文震亨所言，盆玩以天目松为最古，古梅次之。

3.1.2 山石空间的植物应用

明代邹迪光于《愚公谷乘》中指出："园林之胜，惟是山与水二物"，山被称为园林的骨架，是园林中最为重要、最有自然野趣的观赏区之一，承载着园林游览视觉的起承转合，既可成画也可引人入画。根据明代园记记载，明代园林中既有累土成山的"土坡、土冈、土阜"，也有以石为原材料的"石山、石坪、石岩、石壁、石磴"等山石空间。

以"土""石""冈""岭"等为检索对象，收集明代园记中关于山石空间的描写语句共43条（表3.2）。对山石空间的植物应用手法进行梳理发现，按其堆叠材质可以分为土山和石山两种类型，土山多以高大乔木和果木营造自然野趣之境，石山则多用观赏性强的花木营造精致景观（图3.6）。

表 3.2 明代园记中山石空间的植物应用描写语句示例

关键词	园记名称	山石空间的植物应用描写语句示例
土/山/坡/阜	《天游园记》	松木百余株，在**土**山上，有巢松亭。
	《弇山园记》	自是皆**土**山蛇纡而上，杂植美筱，垒石为藩。
	《逸圃记》	从最胜幢东折而南，复而西，**土**阜回互，且起且伏，且峻且夷，松杉芃芃，横石梁亘之，曰霞标。
	《熙园记》	隔岸**土**阜蜿蜒，杂植梅、杏、桃、李，春花烂发，白雪红霞，弥望极目，又疑身在众香国矣。
	《影园自记》	入门，**山**径数折，松杉密布，高下垂荫，间以梅、杏、梨、栗。
	《陶庵梦忆·记范长白园》	右孤**山**，种梅千树。
	《寓山注》	**坡**上种西溪古梅百许，便是林处士偕隐细君栖托者。
	《陶庵梦忆》	河两崖皆高**阜**，可植果木，以橘、以梅、以梨、以枣，枸菊围之。
	《归园田居记》	自泛红轩绕南而西，轩前有**山**，丛桂参差，友人蒋伯玉名之曰小山之幽。

关键词	园记名称	山石空间的植物应用描写语句示例
	《白鹤园自记》	余谢粤中事归，为园营**山**，绕山植松、篁、桧、柏。
石/壁	《燕都游览志·勺园》	入径，乱**石**磊砢，高柳荫之。
	《影园自记》	室隅作两岩，岩上多植桂，缭枝连卷，溪谷崭岩，似小山招隐处。岩下牡丹，蜀府垂绿海棠、玉兰、黄白大红宝珠茶、磬口蜡梅、千叶榴、青白紫薇、香橼，备四时之色，而以一大石作屏，**石**下古桧一，偃蹇盘礴，柏肩一桧，亦寿百年，然呼小友矣。
		壁下为石涧，涧引池水入，畦畦有声，涧旁皆大**石**，怒立如斗，石隙俱五色梅，绕阁三面，至水而穷，不穷也，一石孤立水中，梅亦就之，即初入园隔垣所见处。
	《陶庵梦忆·于园》	前堂**石**坡高二丈，上植栝子松数棵；缘坡植牡丹芍药，人不得上，以实奇。
	《弇山园记》	已复折而上，四周皆峰石，**石**隙杂植红白梅，白者十八，一亭亭焉，曰环玉。
		壁之顶，皆栽栝子松，高不过六尺，而大可把，翠色毁红殊丽。
		桥下两岸皆峭**壁**，犴牙垒出，寿藤掩翳，不恒见日。紫薇、迎春、含笑之类，时时与篙斗，是曰散花峡。
	《娄东园林志·琅琊离薋园》	圃尽得径，为广除，列孤峰、累洞庭**石**，左右玉蝶梅、绿萼梅各一，大可荫台。
	《游金陵诸园记·魏公西圃》	后一堂，极宏丽，前叠**石**为山，高可以俯群岭。顶有亭，尤丽，所植梅、桃、海棠之类甚多，闻春时烂漫，若百丈宫锦幄也。
	《归园田居记》	兰雪以西，**石**磴重叠，皆可布坐，梧桐参差，竹木交映，一径可通聚花桥。
		自流翠而南，于石阿间得路东折，为拜**石**坡，水石俱备，梅杏交枝，左有花红果树，扶疏如盖。
	《集贤圃记》	由此渐往而北，仄穿山罅，有如**石**梁者然，下有木莲一株，亦属名产，牡丹台异苞霞翘，藉玉兰、碧格为帱，此俱在群玉堂背也。蹑石上薄寒香斋，古梅驳藓，虬松离错。
	《小昆山读书处记》	祠之后，左偏，**石**岩高可数十丈，空阔瑰奇。石楠十余树覆之，石皆作紫绀色，曰赭石壑。
	《游东亭园小记》	山顶一**石**嵌空飞舞，栩栩欲语。两松覆之，尤为奇胜。
	《徐氏园亭图记》	入门，花屏逶迤，中围小山，山嵚崎，多奇**石**杂树，松桧森焉若真。

关键词	园记名称	山石空间的植物应用描写语句示例
	《陶庵梦忆》	后碟一**石**坪，植黄山松数棵，奇石峡之。
	《毗山别业记》	**石**左右种楮，侧理赫蹄，于斯取材，其多蕉者曰蕉陀陀。
	《遗善堂名物记》	外临小池，池北有亭，傍列**石**峰，曝以文杏，间以杂花，曰锦石池。
	《素园记》	陟**石**磴，委蛇而东，有阁曰香雪。梅百株，不减罗浮胜处。
	《季园记》	室外古藤盘岩**石**上，偃蹇若虬龙。
	《筼筜谷记》	植锦川**石**数丈者一，芭蕉覆之。
	《隝洲园记》	台有**石**山，吾邑中物，嵌空与洞庭等，色微逊耳。其间有辛夷，牡丹。
	《雅园记》	绝**壁**有松百章，斧斤终古所不及。
冈	《娄东园林志·学园》	西北二方，亘高**冈**，列种松，设平船，鷖轩右放中流，望冈上松，听松声，疑在岩壑。
	《愚公谷乘》	出蔚蓝则为桐街，街上有**冈**，为梅峡，围以石垣，仅七尺许，植梅二百棵。
	《露香园记》	堂后土阜隆崇，松、桧、杉、柏、女贞、豫章，相扶疏蓊蘙，曰积翠**冈**。
	《日涉园记》	前有土**冈**，上跨偃虹，度偃虹而上，冈俱植梅，曰香雪岭。冈下植桃，曰蒸霞径。
	《北园记》	最后，则古松十余株，屈起崇**冈**，苍翠可食，而密筱杂木薪荟其下，若为护鳞甲者。
岭		崇阜若马脊，皆植桂，凡数十百树，曰金粟**岭**，自此复夷。
	《弇山园记》	左正值东弇之小**岭**，皆绯桃，中一白者尤佳，适与敬美春尽过之，尚烂漫刺眼，因名之曰借芬。
		稍北，一**岭**若驼脊，前后九栝子松环之，最茂，每日出如膏沐，青荧玲珑，往往扑人眉睫，松实香美可咀，曰九龙岭。
	《愚公谷乘》	亭后桂树五十余株，负**岭**足起植，未数年已几及岭，三松率百余尺，高于岭者三之。
	《离薋园记》	山之延袤仅可以丈计，而中有涧，有洞，有**岭**，有梁，皆具体而微。碧梧数株，袅袅欲干云。
共计		43条

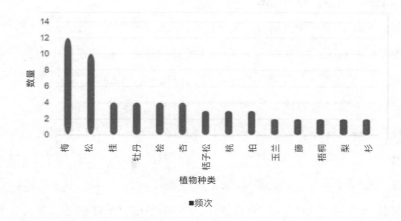

图3.6 明代园记中山石空间常用植物

（1）土阜高冈，自然野趣

明代祁彪佳因园中"独野趣尚少"，故"积土为坡，引流为渠"，反映了园林中土山的最主要作用便是增加园中野趣。明人选用松、杉、柏、桧等常绿乔木作为土山的基调，以模仿自然界高山中"松柏丸丸"的自然之景，营造万壑松风之境（图3.7）。除此外，明人还喜好于土山上植以果木，如李、杏、栗、枣等，此等果木多于春时盛放，又于秋时结实，这些果实还能引来鸟雀，更似山林之境。弇山园中种植枇杷，"藩之以栖雀"，游于其间，闻鸟雀争鸣，在花木葱茏中体会令人神往的自然之境。

《人物故事图册》局部

《销闲清课图卷》局部

图3.7 山石空间中"土阜高冈，自然野趣"示意

（2）石山石壁，好植嘉木

明代园林对选石十分讲究，对于石的配景植物也别有蕴意，喜好运用形态优美和具有意蕴的植物种类（图3.8）。《弇山园记》记载，园中山石空间的植物应用种类丰富，尤其喜欢栝子松即白皮松和石景的搭配，位于园中"中弇"位置的石壁"紫阳壁"顶上便栽有栝子松，"东弇"的石山"九龙岭"前后也种有九株栝子松，白皮松干皮为灰白色，与假山用石相映成趣，其翠绿的枝叶也为石景增添了更多的生气。桂与石的搭配也十分常见，《影园自记》中记载"室隅作两岩，岩上多植桂，缭枝连卷，溪谷崭岩，似小山招隐处"；《归田园居记》中也于轩前的山石种桂，"轩前有山，丛桂参差，友人蒋伯玉名之曰小山之幽"；《楚辞·招隐士》中的"桂树丛生兮山之幽，偃蹇连蜷兮枝相缭"，山与桂成为了"隐"的代名词。梅与石的搭配也具有"隐"的意蕴，源于宋代隐士林逋于杭州西湖孤山以梅为妻，以鹤为子的故事，《寓山注》中对此也有提及"便是林处士偕隐细君栖托者"，此外，梅的"疏影横斜"之姿也与石景相称，为山石增添更多古意。

《临文徵明吉祥庵图》局部

《月令图卷》局部

图3.8 山石空间中"石山石壁，好植嘉木"示例

3.1.3 水景空间的植物应用

水景在各个时期的园林中都必不可少。明代园林中或多或少都置有大小不一的水体。《弇山园记》中评价了园林水景的重要性："山以水袭，大奇也；

明代园记中的植物应用

水得山，复大奇"，山水相依才可使园林更具自然色彩，明代园记中将水景空间多记为池、塘、沼等，形状有规整的"方池"，也有依地形而成的自然形态。通常规整的方池置于主体建筑前，围以栏杆。而自然形态的池水置于游园区，不仅池水为自然的一部分，其堤岸风景也是形成园林自然画幅的主要元素。因此，以水中和水岸的植物应用手法为例进行阐述。

（1）水中植莲与草，淡雅野趣并存

以"池、塘、沼"等关键词，对水体空间的植物应用描写语句进行检索，共收集86条（表3.3）（图3.9）。明代园记所记录的水体空间中的植物种类有11种，多以莲为主（图3.10）。"莲"为花中君子，传颂千百年，其"出淤泥而不染，濯清涟而不妖"的特性深受明代文人的喜爱。莲还是佛教中的重要植物，自带一分清幽高峻的禅意。明代园记中记录到的以"莲"或者"荷"或者"藕花"为名的景点无数，如《许秘书园记》中的"莲沼"、《归田园居记》中的"芙蓉榭"、《冶麓园记》中植有并蒂双莲的"嘉莲池"等。水中植莲能营造出淡雅的景观。

除了莲以外，菱、芦苇、芡、菰、蓼和蒲的应用也相对较多，这些植物的种植意于模仿自然水生生境，为园林中的水体空间增加了野趣。《寓山注》的"蘋蓼萧萧，俨是江村沙浦，芦人渔子，望景争途"便如是，蘋和蓼的加入使园林规整精致的画面增添了点粗放的质感，带来朴野的生命力。

表3.3 明代园记中水体空间的植物应用描写语句示例

关键词	园记名称	水体空间的植物应用描写语句示例
池	《后乐园记》	道穷乃滨**池**，**池**有桥，旁置葡萄蔷薇，其架跨于**池**上。
		中有**池**甚宽，盖畚土始自东，而北，而西，而虚其中，以为**池**也。
	《燕都游览志·月张园》	堂后枕一**池**，甚修广，倒影入屋楹。
	《燕都游览志·勺园》	**池**南为浴室，额其气楼曰蒸云，仍与定舫直，而不相通，然种种不相通处，又皆莲花水上皆荫以柳线。
	《帝京景物略·宜园》	台前有**池**，仰泉于树杪堂溜也，积潦则水津津，晴定则土。
	《帝京景物略·白石庄》	台后，**池**而荷，桥荷之上，亭桥之西，柳又环之。
	《天游园记》	又前小亭四豁，**池**环水带，有鱼，中生莲华，前后浮梁。

关键词	园记名称	水体空间的植物应用描写语句示例
	《古胜园记》	由探幽而后，有**池**，石为桥，蓄金鳞白莲，四岸垂柳，柳之胜居最，名之曰柳池。
	《两君子亭记》	亭前有小**池**，可二亩,命儿种莲。
	《绛幕园记》	稍西而北，则问月亭，莲**池**环之。
		池前树塞门，其南复有莲**池**。
	《影园自记》	堂在水一方，四面**池**，**池**尽荷，堂宏敞而疏，得交远翠，楣楯皆异时制。
		荷**池**数亩,草亭峙其坻，可坐而督灌者。
	《乐志园记》	**池**之东，新月初升，竹树隐蔽，水中荇藻相乱，凭阁以望心远亭，咫尺有缥缈莫釐想。
	《娄东园林志·王氏麋场泾园》	辟堂扉而北，得大方**池**，中浸芙蓉、菱、芡。
	《娄东园林志·王敬美澹园》	又折而东，穿水阁，三方皆**池**，多植莲。
	《先伯父静庵公山园记》	辟堂扉而北，则杳然别一天，为大方**池**，中浸芙蓉、菱、芡。
	《游金陵诸园记·杞园》	傍一**池**，云有金边白莲花，甚奇。
	《游金陵诸园记·陆文学园》	有**池**种荷芰，小亭踞其上，花架绮错，望之斐然。
	《王氏拙政园记》	林木益深，水益清驶，水尽别疏小沼，植莲其中,曰水花**池**。**池**上美竹千挺，可以追凉，中为亭，曰净深。
	《归园田居记》	自楼折南，皆**池**，**池**广四五亩，种有荷花，杂以荇藻，芬葩炀炀，翠带桃桃。
	《集贤圃记》	圃之西北偏既讫，群玉堂南对则有荷**池**，乃与西石洞外朱桥处相连。
	《耕学斋图记》	又进，则凿地为**池**，而芙蓉映面。
	《冶麓园记》	初移居时，**池**有双莲并蒂之异，因以嘉莲名。
	《游溧阳彭氏园记》	堂甚鸿丽，前凿方**池**，周以石栏，芙蕖披纷。
	《娄东园林志·安氏园》	其北径尽，稍西为莲花**池**，水亭据之。
	《澹圃记》	三方皆**池**，菡萏千柄，媚色幽芬，逗人眼鼻。
	《游东亭园小记》	绕而前，右凿小**池**，种荷，荷叶已田田起于水面。
	《学园记》	**池**中种红白莲花。
	《郭园记》	前有**池**，杂植芙蕖。

关键词	园记名称	水体空间的植物应用描写语句示例
	《徐氏园亭图记》	亭前有小**池**，**池**广植莲，当朱而荣，烨乎若耶采芳之区也。
	《南园书屋记》	轩前为**池**，种蕖莲蒲苇，
	《蓊溪草堂记》	西南复有小**池**，植千叶红莲，
	《西园记》	**池**中植莲
	《湄隐园记》	楼前三丈许，凿藕**池**半亩，引流以入，星布怪石于莲茭间，可据坐以钓。
	《吞墨轩》	吞墨轩在宅后，小**池**清浅，寒梅数株出篱竹间，极有幽邃之况。
	《戴山文园记》	园广袤二十余亩，田畴四绕，中有三大**池**，正方中架一石桥，名通泠**池**，中畜嘉鱼数十万头，盛栽白莲。
	《快园记》	亭前小**池**，种青莲极茂，缘木芙蓉，红白间之。
	《奕园记》	右有**池**，芙蕖千茎，倚朱槛临观，名之曰泽芝槛。
	《奕园记》	庵北复为**池**，蓄鱼万头，芙蓉四周，藻芹苹蓼，翠粲布写。
	《素园记》	左为搜闲堂，堂外莲**池**，**池**跨石梁，构轩对之，曰香胜馆。
	《荪园记》	汙**池**可数弓，花屿中峙，若凫雁象马，菡苕芰荇杂植，宛在萧湘一曲。
	《遂园记》	莲**池**……
	《春浮园记》	其东有廊，临芙蓉**池**。
	《自得园记》	地为出泉，引水为**池**，有圆**池**名太极，种以瑞莲，育以金鲤。
	《余乐园记》	畜文鱼于两**池**，植芰荷菱芡。
	《楮亭记》	金粟园后，有莲**池**二十余亩
	《挹爽轩记》	前疏流泉，植菡苕。夏秋之交，花开满**池**，芳香馥馤。
	《月河梵苑记》	台南为石方**池**，贮水养莲。
塘	《帝京景物略·定国公园》	有藕花一**塘**，隔岸数石乱而卧……
		野**塘**北，又一堂临湖，芦苇侵庭除，为之短墙以拒之。
	《愚公谷乘》	堂中可列二十席，前临广**塘**，即所谓玉荷浸者，其中多荷。
	《豫园记》	堂后凿方**塘**。栽菡苕，周以垣，垣后修竹万挺。
	《寓山注》	及舍而方**塘**半亩矣。玉蕊胎含，与绿雪翠云，共分香韵。
	《小百万湖记》	双梅之间为甕园，其南为歌**塘**。栽莲其中，采而歌之。
	《金粟园记》	后有藕花**塘**……
	《复清容轩记》	前枕通**塘**，有莲、芡、木芙蓉之属，桡吹容与，笭箵散布。
沼	《燕都游览志·定国徐公别业》	至一**沼**地，颇疏旷，沼内翠盖丹英，错杂如织。
	《燕都游览志·刘茂才园》	南有小**沼**，种莲。

关键词	园记名称	水体空间的植物应用描写语句示例
	《娄东园林志·琅琊离薋园》	后池曰芙蓉**沼**。
	《许秘书园记》	下瞰莲**沼**。
	《逸圃记》	前临方**沼**,**沼**中则荷花采采。
	《离薋园记》	轩之后为重轩,临后池,拟种白莲百本,榜曰芙蓉**沼**。
	《胡庄》	中有**沼**,多蓄异种莲花,闻胡氏一孀妇所构者。
相关描述	《燕都游览志·湛园》	曲**水**绕亭,可以流觞。
	《孝廉刘百世别业》	下有路,委折临**湖**,门作一台,望山色遥青可鉴。
	《燕都游览志·勺园》	南有陂,陂上**桥**曰缨云,集子瞻书。
		其右为曲廊,有屋如舫,曰太乙叶,周遭皆白**莲花**。
		亭内为泉一泓,昔西岳十丈莲生玉井,此则井乃藏**莲花**中,亦奇矣哉!
	《绛幕园记》	中开小隐堂,堂之前问月亭峙焉,流**水**周其趾,芙蕖出其上。
	《影园自记》	石侧转入,启小扉,一亭临**水**,菰芦幂羃,社友姜开先题以菰芦中。
	《愚公谷乘》	俯玉**荷**则右有丛桂,左有垂柳,中有芙藻。
	《西园记》	其右侧小沧浪,大可十余亩,匝以垂杨,衣以藻蘋,儵**鱼**跳波,天鸡弄风,皆佳境也。
		北**岸**皆修竹,蜿蜒起伏。
	《逸圃记》	亭虽小,吐纳颇大,其趾陂陀石,憩而投竿,**藻荇**可数,曰月钓滩。
	《小昆山读书处记》	出槿藩门,则所谓清流者,其浅可以菱,菱熟则红如夕霞,曰红菱**渡**。
	《永园》	左列梅峰,西揖柯岭,其旁则环以平**湖**数顷,秋来饱菱芡之实,亦居园一乐。
	《儵游馆》	予于深口过此,黄云覆野,残荷留红,对两**岸**芙蓉,浅浅弄色,令人徘徊不忍去。
	《寓山注》	及于夕霭斜晖,迷离**芦荻**,金波注射,纤玉腾惊,四顾决溻,恍与天光一色。
		上下于**烟波**雪浪之间,环视千柄芙蓉,又似莲座庄严,为众香涌出。
		幔亭虹**桥**,缩入菡苕千须中,与客游行,仅露巾帻,方在众香国醉醉群芳。
	《结庐孤山记》	去五月始栽**荷**,月余敷花结实,芬馥撩人矣。
	《毗山别业记》	中有方**桥**曰莲叶渡。菡苕十亩,如浣花濯锦。

关键词	园记名称	水体空间的植物应用描写语句示例
	《白鹤园自记》	兹园前通**水**,屈曲环流,栽菱、芡、芙蕖。
	《小百万湖记》	东南为渔浦,其处多**芦苇**菰蒲,垂裘而乐,故其矶为聚鸥,庵为枕蕙,亭为挂笠。
	《西湖草堂记》	至于**芙蕖菱芡**之被其中……
共计		86条

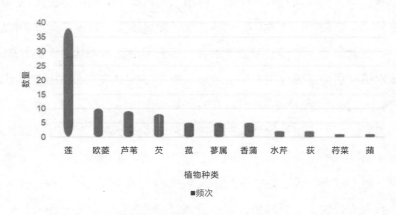

图3.9 明代园记中水体空间常用植物

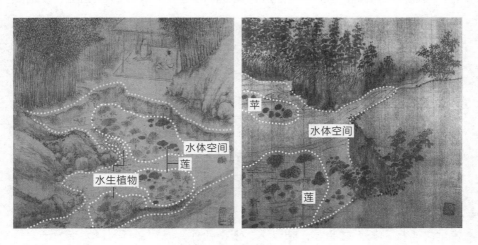

《拙政园三十一景图》局部

图3.10 水体空间中"水中植莲与草,淡雅野趣并存"示意

(2)堤岸植柳与花,红绿多彩相映

堤岸作为园林中水景的重要部分,其景观也颇受重视。古文中常以"缘"

表示"岸"，故以"堤、岸、缘"等关键词检索，收集明代园记中关于堤岸空间植物应用的描写语句共77条（表3.4）（图3.11）。

　　堤岸上最常见的植物是柳。《宋史·河渠志》便肯定过柳的固堤功能："栽柳十余万株，数年后堤岸亦牢"。明代园记中也有不少以"柳"来命名的堤岸景观，如《王氏拙政园》中的"柳隈"、《寓山注》中的"柳陌"、《小昆山读书处记》中的"杨柳桥"等，柳枝细长随风摇曳，与水中微波相映，婆娑水滨，殊助幽意。与柳搭配植于水滨的还有不少花木，其中以桃为最。因此，滨水植桃和柳是园林中常见的景致。明代园林中的滨水桃柳之景不在少数，《寓山注》中的堤岸桃柳风姿绰约："堤旁间植桃、柳，每至春日，落英缤纷"；《学园记》中也提到池边的桃柳混杂的多彩景观："池中种红白莲花，两岸种杂色桃、垂杨各数本，芙蓉间之"。梅、杏、李等观赏花木也常被应用于水岸，如《西佘山居记》中与垂柳相映的梅："入中门，渡斜桥，桥南北皆植梅，有老梅一枝，是为梅祖，狂枝覆地，轻梢剪云，与池上垂杨，黄金白雪，相亚而出"；《借园记》中池边各式各样的竹树花木："缘渠凿池，缘池点树，丛桂抱其阳，高梧幕其阴，翠柏、黄柑、老梅、湘竹，映带左右"；《荪园记》中环植池际的观赏花木："波光动荡梁栋间，四周环植榆柳桃李梅千百本，深水种鱼，浅水种莲"。花的红艳之姿与柳的翠绿之色相映，别有逸趣。

　　木芙蓉也是明代常用于堤岸下层景观的植物，明代常称木芙蓉为"芙蓉"，《长物志》有云："芙蓉宜植池岸，临水为佳"。明代园记记录的木芙蓉有独立成景的，如《自记淳朴园状》的"芙蓉溪"："主人植芙蓉于两岸，命之曰芙蓉溪"。又如《王氏拙政园记》中的"芙蓉隈"："岸多木芙蓉，曰芙蓉隈"。还有与桃柳搭配成景的，如《归田园居记》中的"其前则有池……有拂地之垂杨，长大之芙蓉，杂以桃、李、牡丹、海棠、芍药，大半为予之手植"。木芙蓉与桃、柳在视觉上形成高低错落之态，在花期上也与桃错开，将整体景观的观赏期延长，受光照影响，木芙蓉的花一日三变，盛开于秋，丰姿艳丽，占尽深秋风情。总体来看，明代种于堤岸空间的植物以观赏性强的植物为多，追求花红柳绿之景，营造逸趣横生的氛围（图3.12）。

表 3.4 明代园记中堤岸空间的植物景观描写语句示例

关键词	园记名称	堤岸空间描写语句示例
堤	《燕都游览志·勺园》	夹**堤**高柳荫之。
	《愚公谷乘》	傍浸而**堤**，为木香径。
	《游金陵诸园记·李氏小园》	邻人李氏小园，在汤园之东，两塘相连，弯环清澈，**堤**上垂杨，大可合抱，杏花斜拂水面，老干铁立，亦可赏也。
	《许秘书园记》	沼长**堤**，而垂杨，修竹，菱蒲，菱芡，芙蓉之属。
	《游东亭园小记》	**叠石为堤**，沿**堤**植桂，亦以百计，题曰栖霞楼。
	《南园书屋记》	临池筑其**堤**，为石栏，绕栏多紫薇、素馨、兰芷、芍药，岩花、野草杂冒庭砌。
	《西园记》	沿**堤**植柳，柳下植槿植葵以及诸刺木宜为篱者。
	《寓山注》	园之外**堤**，为柳陌，园之内**堤**，为踏香。
		堤旁间植桃、柳，每至春日，落英缤纷。
	《毗山别业记》	台右渡石梁，乘长**堤**，杨柳依依，蒹葭揭揭，人境阒寂，作清凉界观。
	《两垞记略》	**堤**植芙蓉杨柳，可与西垞埒。
	《曲水园记》	沿**堤**西行，**堤**北修竹百个，**堤**南折，不尽五十步距，池西**堤**上，树七梧桐，有美荫。
	《东庄记》	河东地三丈许，植桃李。外为蔬畦，缘**堤**芙蓉红蓼，每秋深的历可爱。溪北植竹且亭焉，亭曰儵然。
	《小百万湖记》	**堤**北有古柳四，可百余年，极婆娑偃仰。
	《北园记》	首事小沧浪，高其**堤**以障水，夹植垂柳百余株以固**堤**。
	《三洲记》	左**堤**多榆柏，右**堤**饶美竹……
岸	《弇山园记》	舟行阁前，平桥不可度，两**岸**皆松、竹、桃、梅、棠、桂，下多香草袭鼻。
	《娄东园林志·田氏园》	大树十余章，一望美荫，池**岸**环垂柳，水亦渺涨。
	《娄东园林志·东园》	舟及**岸**，憩小平桥，紫藤下垂，古木十余章，遶水如拱揖。
	《王氏拙政园记》	踰小飞虹而北，循水西行，**岸**多木芙蓉，曰芙蓉隈。
		至是，水折而北，混漾渺泝，望若湖泊，夹**岸**皆佳木，其西多柳，曰柳隈。
		至是水折而南，夹**岸**植桃，曰桃花汻。

关键词	园记名称	堤岸空间描写语句示例
	《冶麓园记》	循池东**岸**行，小亭可憩，又北行，垂杨树六七，婆娑水滨，殊助幽意。
		已循池西**岸**还，杂花异草，芬馚目鼻。水事穷，老梅前出，玉蝶、绿萼相间错。
	《游郑氏园记》	两**岸**夹兰芷郁郁，亘以小桥，桥之北建半圆亭。
	《学园记》	两**岸**种杂色桃、垂杨各数本，芙蓉间之。
	《葑溪草堂记》	池溪东南夹**岸**有古梅五株，植诸种柑橘林、樱桃、枇杷、银杏、石宣梨、胡桃、海门柿等树余三百株。
	《横山草堂记》	更植桃其**岸**，傍有一泉，尤清澄可鉴，中涵竹色，因以蓄翠题焉。
	《自记淳朴园状》	园外山水环抱，主人植芙蓉于两**岸**，命之曰芙蓉溪。
缘	《弇山园记》	**缘**沟皆木芙蓉，即芙蓉渚立石处也。
相关描述	《帝京景物略·定国公园》	老柳瞰**湖**而不让台，台遂不必尽望。
	《影园自记》	右小**涧**，隔涧疏竹百十竿，护以短篱，篱取古木槎牙为之。
		趾**水际**者，尽芙蓉。
	《弇山园记》	池从南，得小**沟**，宛转以与后溪合，旁皆红白木芙蓉环之，盖亦不偶云。
	《娄东园林志·琅琊离薋园》	**沼**后距墙咫而近，覆垂柳。
	《谐赏园记》	桥面平台，曰舒啸，修广与**池**埒，可布长筵，左右藩以柔黄，环以榆、柳、槐、棘、枝叶交荫，如盖如幄。
	《寄畅园记》	长廊映竹临**池**，逾数百武，曰清籞。
		西垒石为**涧**，水绕之，栽桃数十株，悠然有武陵间想。
	《愚公谷乘》	亭左有屋三，附**涧**而立，涧上多植海棠诸花，为蝶所追逐，曰蝶慕橑，中设二榻。
	《归园田居记》	转径而北，依山傍水，苍松杂卉，接叶连阴，为小剡溪，有石横亘如门，四山崒崒，停水一泓，有古杏覆其上，为杏花**涧**。
	《陶庵梦忆·记范长白园》	山之左为桃源，峭壁回**湍**，桃花片片流出。
	《游溧阳彭氏园记》	稍折而北，更得一**潭**，竟不辨所自来，但睹水际大松十余株，秀色参天，老藤缠之，臃肿支离，与树无别。
	《小昆山读书处记》	**渡**之东，板桥横焉，左右多垂杨，曰杨柳桥。

关键词	园记名称	堤岸空间描写语句示例
	《太仓诸园小记·田氏园》	而**池水**亦渺弥，垂柳环之，可泛然不晓为舟。
	《湄隐园记》	**池**旁垂柳瘦石，短草欹花，掩映萧疏，俾有遠致。
	《越中园亭记·柳城》	芙蓉杨柳，杂植于曲**沼**之旁，先生每自号为柳城翁。
	《寓山注》	川上多种老梅，素女淡妆，临**波**自照，从读易居相望，不止听隔壁落钗声矣。
	《毗山别业记》	**沼**上碧梧若干，辅之以奇石，嵌空莹洁，曰石林。
		环**泉**艺顾渚茶，曰茶屿。
	《戴山文园记》	**隄**上杂植桃柳、芙蓉、橘柚。
	《苏园记》	**滨水**多梅竹。
	《春浮园记》	去墩数十武，植绯桃百株，红妆临**水**，嫣然可爱。
	《北园记》	**池**左方故多竹，而新长又数千竿，因名绿云坞。其右故多老梅树，花时如积雪数亩，因名香雪林。
	《隑洲园记》	**池**两端稍南，桂与海棠各二，荫可丈许，亦西安公手植也。
	《金粟园记》	而门临长**渠**，桃花水生如委练，垂柳夹之，可以荡舟。
	《楮亭记》	临**水**有园，楮树丛生焉。
	《西湖草堂记》	至于**芙蕖菱芡**之被其中，怪柳桃梅之植其旁。
共计		57条

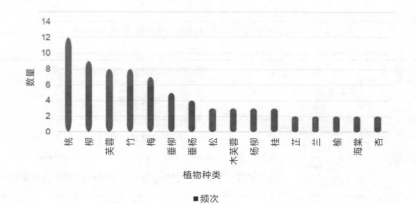

图 3.11 明代园记中堤岸空间常用植物

《月令图卷》局部

图3.12 堤岸空间中"堤岸植柳与花，红绿多彩相映"示意

3.1.4 圃地空间的植物应用

圃，《说文解字》中的释义为"圃，种菜曰圃"，即圃为种植蔬菜花果之地。根据《周礼·太宰·九官》的记载"二曰园圃，疏草木"。早在先秦时期，圃已是一个重要生产场地。明代在私家园林中也开辟圃地，明代陈继儒的《岩栖幽事》中记载："辟地数亩，筑室数楹，插槿作篱，编茅为亭。以一亩荫竹树，二亩种瓜菜，四壁清旷，空诸所有"，可以看出，种植瓜果的圃地不可或缺。以"圃""畦""园"等作为检索关键词，收集明代园记中关于圃地空间的描写语句共计53条（表3.5），有蔬菜类、果木类、花卉类、药草类、茶类等（图3.13），既体现园主人的农耕思想，又是莳花弄草、珍藏名品的园地。

表 3.5 明代园记中圃地空间的植物应用描写语句示例

关键词	园记名称	圃地空间的植物应用描写语句示例
圃	《燕都游览志·湛园》	俯瞰蔬圃……
	《燕都游览志·宣家园》	外有菜圃百塍……
	《帝京景物略·惠安伯园》	其堂室一大宅，其后牡丹数百亩，一圃也，余时荡然藁畦耳！
	《帝京景物略·白石庄》	松后一往为土山，步芍药牡丹圃良久。

关键词	园记名称	圃地空间的植物应用描写语句示例
	《且园记》	斋前编竹为垣，倚垣为圃，种牡丹黄紫数本，傍伏怪石，卷曲睨人。
	《天游园记》	周无垣，列柏为栅，四隅皆隙，为圃，圃种药。
	《古胜园记》	自探幽东而人得圃，圃饶松菊梅竹，菊至百余品，名之曰晚香圃。
	《枹罕园记》	又以州乏瓜瓞粳稻，乃佣老圃于兰，俾树艺之。
	《乐志园记》	堂之右，为予菊圃，长廊翼之，名曰寄傲轩。圃中有海棠数株，花时颇妨种菊。
	《弇山园记》	右方除地为小圃，以畦计，皆种柑桔，土不能如洞庭，名之曰楚颂，取苏子瞻语也。
	《娄东园林志·田氏园》	藩其右以圃种花木。
	《娄东园林志·琅琊离簪园》	壶隐后得小圃二，栏以竹，杂种桃杏木药诸属。
	《兰墅记》	净泠之前，有圃数弓，梅竹参半。
	《游金陵诸园记·杞园》	从牡丹之西窦而得芍药圃，其花三倍于牡丹，大者如盘，裛露迎飔，娇艳百态。茉莉复数百本，建兰十余本，生色蔚悖可爱。
	《王氏拙政园》	竹涧之东，江梅百株，花时香雪烂然，望如瑶林玉树，曰瑶圃。
	《集贤圃记》	圃之极北，连冈皆上坊培，种茶数亩有茗可采。圃之极西，橘、柚、桃、梨，缭以短垣，有果可俎。
	《耕学斋图记》	而最后地广成圃，杂树花果之属，皆数拱余，竹益茂，郁然深山中矣。
	《太仓诸园小记·安氏园》	藩其右以圃，皆种梅、桃、杏、李、林檎之属。
	《离簪园记》	步壶隐之后，得小圃二，皆有栏竹藩之，桃杏、木药、海棠、山矾之属寓焉。
	《沧圃记》	自桥返竹径，复折而北，更渡一桥，稍东则崇台岿然，雕甍朱楯，辅以紫薇之篱、红药之圃。
	《越中园亭记·闲闲圃》	山之南为王家峰，王太学植桑圃，构楼轩于圃中，取风人十亩之义，以闲闲名。
	《毗山草堂记》	苕湖之水东注如带，左为小圃曰菊柴，曰榴墅，亦以所产也。
	《西塍小隐记》	场圃有桃李桑竹橘杏桂茗樱桃梅石榴枇杷，可以供祭养宾客之务。
	《奕园记》	三面竹篱，一面蔬畦，四时旨蓄无乏，名之曰旷圃。

关键词	园记名称	圃地空间的植物应用描写语句示例
	《莯园记》	又东折，度门为葵**圃**。
	《遂园记》	由杨枚亭而循中径，菊**圃**在焉。
	《小百万湖记》	西南为药**圃**，莳苏与莎，间以门冬、蘼芜、薏苡之类。
	《南山隐居记》	畴之属有畎有畝有沟有潴，其种秔秫麦菽**圃**之属，凿曰沼迭、曰山障、曰篱通、曰径，其植柿栗桐漆松杉竹蔬麻枲大率。
畦	《后乐园记》	稍为蔬**畦**……
	《燕都游览志·月张园》	周遭菜**畦**……
	《帝京景物略·英国公园》	东圃方方，蔬**畦**也，其取道直，可射。
	《枹罕园记》	画**畦**种菜，引水灌**畦**。
	《娄东园林志·王氏园》	其阳为菜**畦**，**畦**尽修垣。
	《从适园记》	其余为桑园，为药**畦**。
	《太仓诸园小记·王氏园》	其阳为菜**畦**，盖皆潘河阳赋中所艺也。
	《葑溪草堂记》	临池与垣，有桑枣槐梓榆柳杂树二百株余，则皆蔬**畦**也。
	《西园记》	乃具畚锸锄荒秽，出瓦砾，实坎窖，因洼为池，临流为矶，经其地以为**畦**，杂植菘韭葱芥诸蔬。
	《湄隐园记》	过此开隙地，植女桑弱柘，菜**畦**稻垅其间。
	《皆可园记》	阁之西，则又纵之以千百若干尺，横之以千百若干尺，分**畦**而树椒桂橘柚、柰李栌梨、枇杷檖柿、丹栗元枣，绯桃绛梅、石榴黄杨、金樱银杏之属，一切奇卉异果，若带而绾也，曰可圃。
	《遗善堂名物记》	其间蔬茹之**畦**，瓜果之区，间错隐蔽，颇为深静。
园	《娄东园林志·王敬美澹圃》	果**园**尤旷，种柑橘食品，隙地艺蔬菜。
	《澹圃记》	果**园**尤旷，所种皆柑橘、枨橼、桃李、来禽、樱胡、枇杷名品，又以其隙分畦栽艺紫茄、白芥、甘瓜、樱粟之属。
	《南园书屋记》	**园**纵横为畦，四时杂艺嘉蔬，以采以荐，傍畦植橘柚、葡萄、荼蘼、李、梅、桃、枣。
	《隚洲园记》	循柏亭而右为牡丹**园**，视咸唐池前十倍，故别以**园**称。其隅有木香，瑶林玉树，芳菲袭人。
其他相关描述	《弇山园记》	姑藩而种含桃，含桃成，岁得一解馋，花亦足饱目；其左方种如之，俱曰含桃**坞**。
	《游金陵诸园记·西园》	从凤游堂而左，有历数**屏**，为天桃、丛桂、海棠、李、杏，数十百株。

关键词	园记名称	圃地空间的植物应用描写语句示例
	《王氏拙政园记》	又前循水而东，果林弥望，曰来禽圃。
	《逸圃记》	东启双扉，花屏菊田，绉绣错绮。
	《寓山注》	入筼巢，稍折而西南，得隙地，皆硗确也，土肤不盈尺，以是故，极宜种茶。
		让鸥池之南，有余地焉，衡可二百赤，纵不及衡者半，以五之三种桑，其二种梨、橘、桃、李、杏、栗之属。
		庄奴颇率职，溉壅三之，芟雉五之，于树下栽紫茄、白豆、甘瓜、樱粟，又从海外得红薯异种，每一本可植二三亩，每亩可收得薯一二车，以代粒，足果百人腹。
	《毗山草堂记》	自苑而人，山最僻处种橘千树，曰野鹿坪。
	《快园记》	池广十亩，羹鱼鱼肥。有桑百株，桃李数十树。
共计		53条

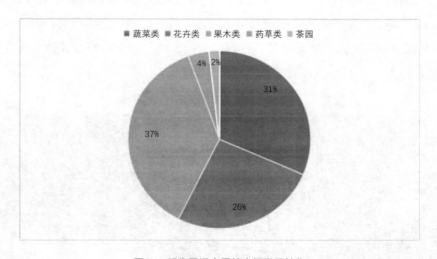

图 3.13 明代园记中圃地空间常用植物

　　圃地空间多种植果木类、蔬菜类、花卉类植物，古代为农业社会，对蔬菜和果木的种植在一定程度上体现了明代园林中依然重农的风气。《寓山注》的作者祁彪佳提到其置园圃"丰庄"和"豳圃"的原因："而予农圃之兴尚殷，于是终之以丰庄与豳圃"。明代园记中记录了许多果园、果圃等，如《弇山园记》中植柑橘的"楚颂"圃："右方除地为小圃，以畇计，皆种柑桔，土不能如洞庭，名之曰楚颂，取苏子瞻语也"；《太仓诸园小记》中的"安氏园"内置有"果圃"："藩其右以圃，皆种梅、桃、杏、李、林檎之属"；《澹圃记》

中更是直接开辟出一处宽敞的"果园"，种类丰富："果园尤旷，所种皆柑橘、枇橼、桃李、来禽、樱胡、枇杷名品"。圃地果林中的果木种类较常见的有柑橘、梅、桃、李、樱桃等，受《楚辞·招隐士》的影响，柑橘的种植较多，既能产果又具有隐逸的意蕴。根据王世懋《学圃杂疏》的介绍，樱桃最先熟，适应江南地区的气候、土壤，梅、李、桃的果品较多，不仅果可食，还可制成不同的制品，如果酱等。

园记记录的疏菜类有《西园记》中提到的"菘、韭、葱、芥"和《寓山注》中提到的"紫茄、白豆、甘瓜"等。

也有一些圃地以花卉类为主，多种植观赏花卉，如菊圃、牡丹圃和芍药圃等，该类圃地空间多植有精心打理的花卉名品。《且园记》中的牡丹圃便种有"牡丹黄紫数本"；《燕都游览志》中记录的惠安伯园牡丹圃更是多名品佳卉，称其"花名品杂族，有标识之"；《古胜园记》中的晚香圃也植有数百种菊类；《游金陵诸园记》中的杞园芍药圃除了芍药以外，还植有茉莉和建兰，茉莉百中一二可活，建兰畏风、畏寒、畏蚁，此二种需要细心养护才可观。（图3.14）。

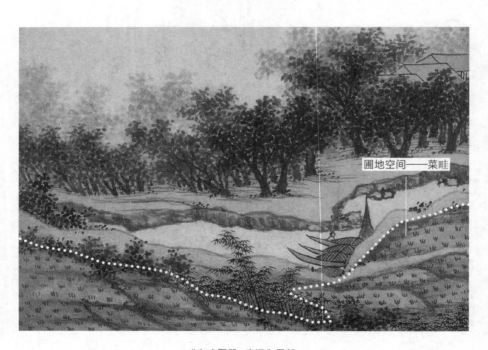

圃地空间——菜畦

《东庄图册-南港》局部

图3.14 圃地空间中"耕地园圃"营造方式图示

明代园记中的植物应用

3.2 植物种植形式赏析

明代园记往往记录了造园者的心路历程和景观建设过程，跟随作者的叙述仿佛亲临现场，园记中也记录了丰富的植物景观，或于峰回路转处突见一株老柳拂地，或于狭隘廊道处忽现藕花一塘，每一处景致皆是造园者的巧思，每一株植物的种植皆体现造园者的品味。明代园记根据私家园林的大小不同，采用的种植方式也不尽相同，或孤枝独秀，或三五成丛，或数株并列，或群木成林。"小园重在点景，大园重在补白"。大抵呈现的种植形式有三种，一是以点呈现园中焦点，二是以线表达种植秩序韵律，三是以面体现大体量的林地面域景观。

3.2.1 点·聚 —— 孤植、对植和点植

点状的种植形式即为单株或少量几棵植物组合而成，主要作为该景点的视觉焦点。明代园记对建筑前后、庭院中央、花台、门窦、道路尽头或山水尽处等，多以孤植、对植和点植为主，种植或繁或简的单株植物或植物组合形成相对精致的植物景观，重花木形态，讲究"入画"之美。

（1）树木孤植

明代园记中记载了多处孤植场景，多与建筑、山谷紧密相连，选择株型优美或姿态奇特的植物点缀于建筑或山石处。《寄畅园记》中描绘了"含贞斋"前一株孤植松的优美姿态："阶下一松，亭亭孤映，既容贞白卧听，又堪渊明独抚"，体现了阶下孤松苍劲和孤独高峻之姿。根据明代园记，孤植的植物多体现枝虬、荫浓、根古和花盛等特点（图3.15）。枝虬、荫浓都是古树的特点，正如前文"庭院空间"中所提到的古树是明代园林对花木的最高追求，《园冶》中也认为建筑应让步于古木："多年树木，碍筑檐垣，让一步可以立根，研数桠不妨封顶"；顾大典于《谐赏园记》中也提到古木难得："伟丽、雕彩、珍奇，皆人力所可致，而惟木石不易致"，古树之不易得使之更为珍贵。

枝虬者多为古松，《帝京景物略》中记录白石庄"柳溪"中有"门临轩对，一松虬"；《乐志园记》中记载，特为观赏虬松构建了"听涛亭"："阁外

有松一株，数百年物，虬枝龙干，覆盖亩许，风起涛鸣，泠泠然，空山幽涧，予制听涛亭以赏之。"古桂亦有虬枝，《苏园记》记载了园内万里桥头的一株古桂："比度万里桥，桥头桂一株，劲干虬枝，如盖如屋"；《金粟园记》中古桂也"虬龙矫矫"。

　　明人爱赏古树之荫浓，古树冠幅和胸径都巨大。文中常提到"大可合抱之木"，《帝京景物略》所记"成国公园"中一堂后种有一株四五百岁的古槐，"身大于屋半间，顶嵯峨若山，花角荣落，迟不及寒暑之候"，其荫可盖屋让人不知寒暑；《游金陵诸园记》中记载的西园古树较多，"擎秀阁"前一株古榆树大可合抱，月台上的白皮松"高可三丈，径十之一"；《日涉园记》中"知希堂"前的古榆"仰不见木末"；《结庐孤山记》中的古桐"大可合抱，扶枝修干，能障夏日"。明人还爱古树之根，《游勺园记》中的"槎枒渡"以古树之根做桥，形制之妙颇为自然："但古树根络绎水湄，仍以达于太乙叶"。

　　高大且花开如画的花木也是常见的孤植植物，明人多喜欢于建筑前植花木，以观赏其花开花落。《三洲记》中容膝轩前有海棠一株，"高丈许，花落如红雨"；《横山草堂记》中描写了空蕴庵前的一株梨树，"疏秀入画，及夫花发，春雨微蒙，娇香冷艳"；《泷园记》中的古梨"花时带如画"，园主人还特地在此处架设长廊以观赏。此外，明人还爱孤植形态奇特的植物。《娄东园林志》中记有季氏园奇秀的孤植形态侧柏；《影园自记》的"读书处"中有从西域而来的莎罗树一株，树奇而孤植，园中还在月洞门处栽植了一株丹桂，过径之时刚好可呈"丹桂如在月中"之景，别有逸趣。

《汉宫春晓图》局部　　　　　　　《月令图卷》局部　　　　　　　《汉宫春晓图》局部

图3.15 树木孤植示意

（2）双木同植或对植

两株植物的应用通常置于园内入口处、建筑前、庭院中或阶砌旁，或对植，或同植一处以示其蓊蔚（图3.16）。明代园记中记录的两株植物同植或对植的种植形式多为同种（类）植物。《古胜园记》中描述了"阶下二柏"："楼后为轩五楹，旁各杀二，阶下二柏郁郁葱葱，望之有佳气"；《燕都游览志》中记录了"宣城第园"中有"夹竹桃二大树"；《弇山园记》中记载了"弇山堂"北的海棠、棠梨："堂之北，海棠、棠梨各二株，大可两拱余，繁卉妖艳，种种献媚"。偶有不同植物之间的两株并植形式，如《影园自记》中的"阶下古松一、海榴一"。

对植多选择高耸干直的植物。《愚公谷乘》的"庭列高梧二"；《蔚溪草堂记》中草堂前左右有老桂两株，"大可合围，高可四五丈"；《游金陵诸园记》所记录的东园中"两柏异干合杪，下可出入曰柏门"，两株柏树高大并列而成门状，形成奇特且有气势的景观。从"郁郁葱葱""大树""大可两拱余"间可体会其"双木高耸"，营造庇荫蓊蔚之感。

《事茗图》局部 　　　　　　　　　《百美图卷》局部

图3.16 双木同植或对植示意

（3）点植植物构筑物

明代园记中常出现将植物制作成构筑物的情况，置于园中，巧妙地将其功能和景观相融合。植物构筑物打破了植物与建筑的界限，既是园林中的场所空间，又是园林植物景观的一部分，园主人在其间可坐可卧、可赏景、可共弈，保留园林自然气息的同时，又为自己提供赏玩的场所。

植物构筑物的形式大体可分为结柏为亭、张萝为幄、植竹为亭、结松为亭和覆树似屋5种类型（表3.6）。这些形式所用植物会有不同，但组合形式较为相似，多以枝干通直者为柱，如松、柏，以其枝叶为盖，形成类似亭的形式，即四周开敞，顶上覆物。此类形式以柏居多，多为柏亭。也有利用植物较强的可塑性，采用竹或藤萝等营造植物构筑物，如《楮亭记》中的"植竹为亭，盖以箬"和《绛幕园记》中的"倚藤为栋，张萝为幄"，以竹为柱，以萝为盖，充分利用植物的姿态（图3.17）。明代高濂的《遵生八笺》中也详细记录了此类景观的构造方式："植四老柏以为之，制用花匠竹索结束为顶成亭，惟一檐者为佳，圆制亦雅，若六角、二檐者，俗甚"，即以植物枝干为基，用竹索将其顶部枝叶绑起，形成或为圆形或为六角形的檐。

《独乐园图卷》局部　　　　　　　　　　《拙政园图咏》局部

图3.17 植物构筑物示意

表 3.6 明代园记中的植物构筑物描述

构筑物形式	园记名称	植物构筑物描述
结柏为亭	《绛幕园记》	结柏而栖者岁寒亭。
	《从适园记》	穹然而隆者，为柏亭。
	《王氏拙政园记》	囿尽，缚四桧为幄，曰得真亭。

构筑物形式	园记名称	植物构筑物描述
	《曲水园记》	当其中幂四柏为亭。
	《荆园记》	揉柏为亭，设石几，可奕。
	《东庄记》	东有桧亭，西有木香棚。
	《遂园记》	坪中为苍宫鼎，盖结三柏为亭。
	《隘洲园记》	亭亦柏为之，柏前苍莨竹，即当墨丈室之前者也。
	《三洲记》	径穷而石楠一本甚茂，四柏亭之。
张萝为幄	《绎幕园记》	台之北，倚藤为栋，张萝为幄。
植竹为亭	《楮亭记》	植竹为亭，盖以箬，即曦色不至，并可避雨。
结松为亭	《月河梵苑记》	入看清，结松为亭，逾松亭为观澜处。
覆树似屋	《玉版居记》	最后隙地亦佳，覆树似屋。

3.2.2 线·律——列植和环植

多株植物有规律、有秩序地种植于园中，形成具有明显轴线暗示的线性形态，能够引导人们的视线和游园路线。植物数量和密度的增加使空间指向性更强，同时密植还带来了分隔空间的效果。根据明代园记记载，线性的种植形态主要以同种（类）植物为主，呈现列植和环植两种形式，具体存在于建筑旁、路旁、圃地边，作为园林中重要的序列和边界。

3.2.2.1 列植

列植即按一定的株距成列种植，多植于道路两旁或者园林边界处，常呈曲线或直线的空间形态。明代园记中因径而成的线形植物景观比比皆是，依托边界栽植植物而形成具有自然气息的屏障也是明人偏好的方式，主要有径、屏、篱、藩、畦五种列植形式。

（1）径

依托蜿蜒的园中路径，明代园林多采用列植的种植形式，形成强烈的秩序感和指向性（图3.18）。由同种植物列植形成的路径引导性更强，高大且密集的植物景观在视觉上形成狭窄的空间，常与接下来的景点形成欲扬先抑的空间转换效果。常见的有"竹径"，如《吕介孺翁斗园记》中的"竹为径"；

《太仓诸园小记》中"安氏园"中的"除竹为径数十武";《学园记》中的"过桥为竹径";《西佘山居记》中的"竹间有小径"等,竹类能形成较好的隐蔽性和庇荫性,行走于其间可感受"夏不见畏日"的清凉之感。"松径"也常出现于明代园记中,《从适园记》中的"窈然而深邃者,为松径";《归有园记》中的"旁夹青松";《季园记》中的"夹道皆长松";《寓山注》中特有一景点为"松径":"园之中,不少矫矫虬枝,然皆偃蹇不受约束,独此处俨焉成列,如冠剑丈夫,鹄立通明殿上。余因之疏开一径,友石樾所露以达选胜亭也。劲风谡谡,入径者,六月生寒",长松高耸,枝繁叶茂,四季不凋,与竹类植物类似,可于炎炎夏日中形成"六月生寒"的清凉界。此外,"柳径""梧径""柏径"也见于园记中,《城南别业图记》中的"柳径";《影园自记》中的"高梧十余株,交柯夹径";《北园记》中的"门以内古柏夹径"。还有以蔷薇为主的花径,如《绎幕园记》中以蔷薇为主的"径皆蔷薇,浅红深紫,游者如入锦步障"。

《止园图册》局部　　　　　　《西林园图景》局部　　　　　《寄畅园五十景图》局部

图3.18 同种植物成径的景观示意

还有以多种植物列植而形成的路径,有以松、杉、竹为主的,如《古胜园记》中混植松、竹、忍冬为径的"草径";《熙园记》中记载路径旁列植的杉和竹:"启左扉而北,落落长杉,萧萧疏竹,夹植径中"。有以果木为主的列植路径,如《愚公谷乘》中的"含桃、枇杷、梅、杏夹道而列";《雅园记》中的"其畔桃李春花万树";《集贤圃记》中的"迤路樱桃、海棠间植"。有以榆、柳为主的,如《露香园记》中的"入门,巷深百武,夹树柳、榆、苜蓿,绿荫葰楙,行雨日可无盖";《日涉园记》中的"入门,榆柳夹道"。还有以攀缘花木为主的,如《弇山园记》中植有红白蔷薇、荼蘼、月季、丁香等花木的"惹香径"。由多种植物列植而成的小径虽种类多,但也保持着统一性,强调线性种植形式的秩序性,具有导引功能(图3.19)。

《香山九老图》局部

《纪行图册-小祇园》局部

图3.19 不同种植物成径的景观示意

(2)屏

除了依托路径而成的种植形式外,园中还有勾勒各观赏区的边界以分割空间的屏障形式(图3.20)。以柏为屏的形式常见于园记中,《游溧阳彭氏园记》和《晓园记》中都出现了"柏屏萝径";《湄隐园记》中也提到了"编柏为苍屏"。柏树干直,耸立成列,以其树干为骨架,园内景观为画幅,与屏风有几分相似。园记中还提到不少攀缘花木倚靠墙垣或木架而成屏的形式,如《求志园记》中的"入门而香发,则杂荼蘼、玫瑰屏焉";《谐赏园记》中以蔷薇科花木为主形成亭后的花屏:"亭后遍植蔷薇、荼蘼、木香之属,骈织为屏";《学园记》中的"架黄白木香、五色蔷薇、月季、荼蘼为屏障",花时灿烂,既能起到分割空间的作用,又能形成令人赏心悦目的景观。桂也有被用于花屏的形式,如《归田园居记》中"树桂为屏";《归有园记》中"再折而南皆桂障,为金粟屏"。桂树虽不如柏树高大,但花开时香气宜人。从明人的植物选择上看,多选用常绿植物或枝繁叶茂的攀缘性花木成屏,可以起到较好的障景作用。

《东庄图册》局部   《寄畅园五十景图》局部

图 3.20 植物成屏景观示意

（3）篱、藩

　　园记中有篱、藩等形式的记载，指通过编织使植物成篱笆状。因为竹的可塑性是最好的，所以"编竹为藩"是最为常见的形式，如《从适园记》中的"以竹籓之"，《寓山注》中的"织竹为垣"，《荪园记》中的"竹百个藩屏荫界"以及《遂园记》中的"编竹为藩"等。木槿也常用作藩篱，如《小昆山读书处记》中"树槿藩之，曰槿垣"；《毗山别业记》中的"渡头编堇为藩"等（图3.21）。一些藤本植物也被应用于篱、藩，如《筼筜谷记》中记录的"以木香编篱"；《隩洲园记》中的"南天竺侠径为藩"。除了单纯的竹藩或是槿藩外，明人还会于藩或篱上种植蔷薇等攀缘花木，如《归有园记》中记有"旁编竹而插五色蔷薇"；《寓山注》中的"织竹为垣，蔓以蔷薇数种"，于单一的景观中加入缤纷的色彩。

《洗研图》局部   《画丹林翠嶂》局部

图 3.21 植物成藩篱景观示意

明代园记中的植物应用

（4）畦地

列植还会出现于圃地中的畦地边界处或周边（图3.22），如《游郑氏园记》中记载："塘内树蔬韭，其半栽花竹，行列整整"。《南园书屋记》中也有类似的记载，于菜畦边栽植一些果树花木："园纵横为畦，四时杂艺嘉蔬，以采以荐，傍畦植橘柚、葡萄、荼蘼、李、梅、桃、枣。"蔬谱菜畦中的植物列植其间形成直线形式，还可用作射箭的场所，多出现于以武将出身的皇亲国戚园林中，如《帝京景物略》中的"英国公园"："东圃方方，蔬畦也，其取道直，可射"，"成国公园"中也有类似的直线形植物景观："树傍有台，台东有阁，榆柳夹而营之，中可以射"。

《独乐园图卷》局部

图3.22 畦地列植景观示意

3.2.2.2 环植

植物环植在明代园记中也有涉及，多围绕园林建筑如亭、轩旁，还有一些出现在池塘、山阜周边（图3.23）。这种种植形式主要利用环植的植物围绕出一个较为独立的空间，使空间节点更具内向性。建筑周边的植物环植形式，如《城南别业图记》中记载的被松环绕的"谡谡轩"；《枹罕园记》中被松柏环绕的"岁寒亭"，被桑榆环绕的"莫景"，被杏树环绕的"杏园"，被梨树环绕的"梨花院落"；《弇山园记》中被桂树环绕的"丛桂亭"。池塘、土阜周边的环植形式，如《枹罕园记》中被柳环绕的"柳絮池塘"；《游勺园记》中被松桧环绕的"松风水月"；《弇山园记》中被白皮松环绕的"九龙岭"。

《西林园图景》局部　　　　　　　　　　　《枫野春雨图》局部

图3.23 花木环植景观示意

3.2.3 面·域——群植

　　面状种植形式即为多株同类植物或不同类植物群植而成，形成一定的植物景观区域。明代园记中的植物群植常与山水相映成趣，形成"虽由人作，宛自天开"的山林野趣。明末文人张岱于《陶庵梦忆》中总结道："桃则豁之，梅则屿之，竹则林之"。而于圃地空间的群植具有田园之意，处处桑麻，桃李成蹊。

3.2.3.1 群木成林

　　受传统思想影响，明人喜爱山林。《园冶》中也提到："园林惟山林地最胜"，植物群植形成的大面积植物景观能够带来山林般自成天趣之感，打造竹木森森、繁花覆地的画面，让人感到郁然如深山。群植主要有同种（类）植物群植和不同种（类）植物群植两种。

（1）同种（类）植物群植

　　同种（类）植物大面积种植的形式在明代园记中较为常见，多篇园记都描绘了园中的林地风光，常见的有以常绿植物为主的竹林、松林、柏林等，以花木为主的梅林、桃林等，以果木为主的樱桃林、杨梅林、橘林等。

　　① 竹林

　　竹类植物的群植在园记中最为常见（图3.24）。有位于园内土山上的，如

《弇山园记》中的"自是皆土山蛇纡而上，杂植美筱，垒石为藩"；《游溧阳彭氏园记》中的"或下竹岗，毛立棋布，尽如真山"。竹林与各式建筑的关系也较为密切，常置于亭、堂、轩或台的周边，如《谐赏园记》中居于亭右的竹林："亭之右，修竹万竿，清阴蔽日"；《冶麓园记》中置于轩后围绕小台的竹林："轩后地渐高，去冶城渐近，修竹数千，森然玉立。中一小台，傍为朱栏栏之。当三伏，鸢稍逗风，畏日不下，又足令人忘暑矣"；《雅园记》中位于堂后的"竹万个"："堂后由东而西，山如堵墙，有竹万个，孚尹之色，琳琅之韵，耳目应接不暇"。竹林也常与水池、溪流相伴于园中，池边的竹林常被称为"竹坞"，如《北园记》中以竹为主的"绿云坞"："池左方故多竹，而新长又数千竿，因名绿云坞"；《曲水园记》和《月河梵苑记》也记录有"竹坞"一景。明人偏爱园中营造竹林，除了因其应用形式多样外，还喜其"清阴蔽日""日影不漏"的庇荫感，《从适园记》对"竹林"的景观特征可以总结为"倘然而清寒者"，行于其间"足令人忘暑"，类似景点常被称为"清凉界""清凉国"。

《纪行图册》局部　　　　　　　　　《东园图卷》局部

图3.24 竹林景观示意

② 松柏林

松林、柏林在园记中也较常见，多位于园中的山石空间，随土冈之势，顺绝壁之姿（图3.25）。《天游园记》中提到了园内土山上的松林："松木百余株，在土山上，有巢松亭"，林中还建有赏景的亭；《快园记》中也记有园中山前的古松林："见前山一带，有古松百余棵，蜿蜒离奇，极松态之变"，古松林枝干蟠虬，形态变化多样，群植具奇特的视觉效果；《雅园记》中于石山上植有松林："绝壁有松百章，斧斤终古所不及"，松干的鬈甲与石壁的鬼斧神工相映成趣。松林和柏林的种植还带有一些宗教色彩，长松翠柏所营造的肃穆氛围与宗教的庄严之感相符，《逸圃记》中便记有柏林中的佛龛："寻沿堂后石径，抵柏子林"。

《寄畅园五十景图》局部

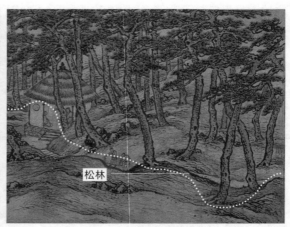
《销闲清课图卷》局部

图 3.25 松林景观示意

③ 梅林、桃林

梅林与桃林常依附于山石或池塘而植（图3.26）。依山石而成景者，如《弇山园记》中的"借芬岭"："左正值东弇之小岭，皆绯桃，中一白者尤佳，适与敬美春尽过之，尚烂漫刺眼，因名之曰借芬"，绯桃灿烂，依山势而成春景佳处；《愚公谷乘》中的"梅峡"也是于山冈中植梅："街上有冈，为梅峡，围以石垣，仅七尺许，植梅二百棵"。依池塘而成景者，如《王氏拙政园记》中小涧旁的梅林，花时灿烂如瑶林玉树："竹涧之东，江梅百株，花时香雪烂然，望如瑶林玉树，曰瑶圃"；《春浮园记》中临水嫣然可爱的绯桃林："去墩数十武，植绯桃百株，红妆临水，嫣然可爱"。梅和桃都是常见的观赏花木，孤植观枝，群植观花，二者群植效果佳，成林形成的灿烂花景深受明人喜爱。

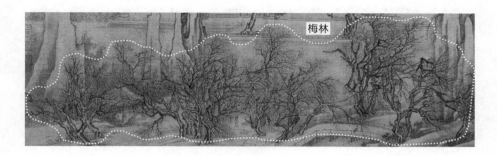

《月令图卷》局部

图 3.26 梅林景观示意

（2）不同种（类）植物群植

多种植物的群植更具有山林野趣，"花数十百品，木千章，鸣鸟千群"是《曲水园记》中描绘的美好园居生活，花木葱茏是营造"野林山翠"的基本条件。明代园记中有大量笔墨描绘多种植物群植的场景，主要可分为两种形式，一种即是以一种（类）植物为主，少量间植其他植物，另一种则为多种（类）植物均衡杂植（图 3.27）。

① 一种植物为主，少量间植其他植物

该种形式通常为以一种植物为基底，间植其他植物以增加层次、质感或色彩，作为基底的植物常为常绿植物，如竹类、松类、柏类、桂类，其中以竹类植物为基底的应用形式居多。

以竹类为基底，有间植榆树以增加高度层次的，如《游金陵诸园记》中金盘李园内与落日相映的群林景观："垣外竹万个，杂高榆数十，与落照相鲜新"；有间植松类植物以增加景观层次和质感的，如《游溧阳彭氏园记》中竹林内间植长松："独池之南皆高冈茂竹，长松四五株挺立竹中，望皆合抱"，竹类植物枝干的光滑润泽和松类植物枝干的粗糙嶙峋带来不同的质感，高度的不同也增加了景观的层次；还有间植梅等花木以增加景观色彩的，如《玉女潭山居记》中的"梅竹隩"："地多美箭，间以江梅，曰梅竹隩"，花时于翠绿竹景中点缀以缤纷色彩。

以其他植物为基底的情况也较类似，如《愚公谷乘》记载在桂花林中植松以增加层次："亭后桂树五十余株，负岭足起植，未数年已几及岭，三松率百余尺，高于岭者三之"；《影园自记》记载于松杉林中种植花木以增加色彩："松杉密布，高下垂荫，间以梅、杏、梨、栗"。《后知轩记》中以柏树为主，间植松树的情况："园无杂木，柏可三百株，松止有五，计其植日，才四十年，而已成林"；《遂园记》中以桃树为主，梨树、山茶间植的情况："盖陌西隙地什七树桃，什二树梨，什一则山茶也"。

　　② 多种（类）植物均衡杂植

　　《玉版居记》中记载在园中空地上种植松、枥、樟等植物，四面围以矮墙使园内外景观相互交融而成山林之色："为松，为枥，为樟，为朴，为蜡，为柞，为枫及芭蕉，细草间之。四面墙不盈尺，野林山翠，葱蒨苍霭，可郁而望"。《弇山园记》中杂植多种植物以吸引鸟雀复山林之趣："高坦之左方，以步武计，杂植榆、柳、枇杷数株，藩之以栖雀"。《王氏拙政园记》中的"篁竹阴翳，榆槐蔽亏"和《归田园居记》中的"梧桐参差，竹木交映"也凸显其想打造山林中竹木交映之意。《学园记》中杂植的植物种类更多，观赏性佳且层次丰富："又可半里许，旁植桃李梅、枇杷、林檎、橙橘、香橼、杨梅、绣球、海棠、山茶、石榴、玉兰、金豆、樱桃、木樨、松柏之属，故杂糅之，使其开也不以类"。

《寄畅园五十景图》局部

《西林园图景》局部

图 3.27 多种植物群植景观示意

3.2.3.2 群木成圃

明代园记中记录的大面积植物种植还出现于圃地空间，如《耕学斋图记》的记录："而最后地广成圃，杂树花果之属"，此种形式通常种植蔬类农作物或者花果类经济作物，主要有果林、茶园、药圃、花圃等形式。

（1）果林

以果木为林的种植形式多见于园内的果圃或果园，虽作为景观形式较少但也有园记对其加以记录（图3.28）。有以单一果树为主的果林，如《寓山注》中便设有一处景点名为"樱桃林"，林内品种繁多，花美实繁，是园主人和客人玄谈的好去处："篱外多植樱桃，蜡珠麦英，不一其品，每至繁英霞集，朱实星悬，如隔帘美人，绛唇半露，但主人方与徂徕处士，拂尘玄谈，不须几片红牙，唱晓风残月耳"；《毗山别业记》中也记录有以樱桃为主的"樱桃坞"。《归田园居记》中描绘了居于蹊涧边的"杨梅陳"："自此层磴而下，蹊涧相连，植有杨家果数树，是为杨梅陳"，还描绘了居于濠际的橘林："架梁而登，可通濠北，有地皆种木奴，因号其亭曰奉橘"。也有多种果树一起种植的果林，如《王氏拙政园记》中的"果林弥望"的"来禽圃"，《蒔溪草堂记》中的"又其外植桃李杏杂树百余株"和"植诸种柑橘林、樱桃、枇杷、银杏、石宣梨、胡桃、海门柿等树余三百株"。

《东庄图册-果林》局部

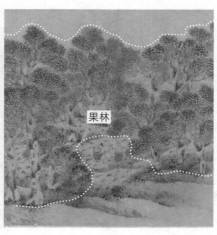

《拙政园图咏》局部

图3.28 果林景观示意

（2）茶园

茶在明代文人生活中有着不可或缺的地位，《长物志》中特为品茶之事展开论述。茶作为经济作物较少植以观赏，通常以茶园的形式存在，主要植于面积较大的郊野园林，明代园林对此也有所记载。如《集贤圃记》中于土冈上种有数亩茶园："圃之极北，连冈皆上坊培，种茶数亩，有茗可采"；《寓山注》中有"茶坞"一景："入筠巢，稍折而西南，得隙地，皆磽确也，土肤不盈尺，以是故，极宜种茶"；《毗山别业记》中也有以茶园为主的景点："环泉艺顾渚茶，曰茶屿。有庵曰紫茸"。

（3）药圃、花圃

药圃和花圃的种植形式兼顾了经济性和观赏性，大面积植物种植特别是观花植物的种植，带来开阔且震撼的视觉效果。花圃主要以牡丹、芍药、玫瑰、菊等植物为主。有以牡丹为主景的花圃，如《燕都游览志》中提到的花时盛如花海的牡丹圃："园中牡丹多异种，以绿蝴蝶为最，开时足称花海"；《隩洲园记》中面积广大的牡丹园："循柏亭而右为牡丹园，视咸唐池前十倍，故别以园称"。以菊为主景的花圃也不在少数，如《遂园记》的"由杨枚亭而循中径，菊圃在焉"和《毗山别业记》中的"左为小圃曰菊柴"。以玫瑰为主景的有《王氏拙政园记》中的"玫瑰柴"。

第 4 章

明代园记中的植物
与其他造园要素配置

筑山、理水、建构和植栽是中国古典园林四大要素，植物的应用离不开与各要素的搭配。植物位于不同空间，与不同的要素的组合方式也有所侧重，本章结合明代的绘画，论述明代园记中植物与建筑、山石和水体的组合方式。

4.1 植物与建构配置

建筑和构筑在中国古典园林中具有重要地位，陈从周于《说园》中记载："我国古代造园，大都以建筑物开路"，可见建筑于园林中有定基础、构布局之大用。中国古典园林意在再造自然，明代园林也不例外，因此，建筑与植物的关系十分密切。《园冶》"立基篇"中开篇便提到："凡园圃立基，定厅堂为先。先乎取景，妙在朝南……开林须酌有因，按时架屋"，建筑的构建需先考虑其景观，花木的栽植也需要考虑对应的亭台楼阁。梳理明代园记发现，建构主要有亭、堂、台、斋、廊等（表4.1）。

表 4.1 明代园记中各种建构形式与植物配置描写

建构形式	园记中的描写示例
亭	**亭**之右，修竹万竿，清阴蔽日，竹间置石几一、石榻二，深夏手一编，枕簟随之，坐卧惟意，以取凉适，不减张鹰竹林也。——《谐赏园记》
堂	园有三**堂**，堂皆荫，高柳老榆也。——《帝京景物略·成国公园》
台	折而西，为揽辉**台**，谡谡长松，盘垣可抚。——《绛幕园记》
斋	堂西有小**斋**，斋之外有桥，桥西复有斋，斋后植蕉，咸可憩焉谈焉，藏焉修焉，委乎禅房之奥也。——《徐氏园亭图记》

建构形式	园记中的描写示例
廊	**廊**遍桃、柳、荷蕖、芙蓉。——《帝京景物略·李皇亲新园》

4.1.1 植物与亭配置

亭是园林中最常见的建筑形式，《园冶》中提到"亭"的建置为："亭胡拘水际，通泉竹里，按景山巅，或翠筠茂密之阿，苍松蟠郁之麓，或借濠濮之上，入想观鱼，倘支沧浪之中，非歌濯足"，即亭的构建不拘泥于位置，可置于竹林中，可立于山巅，可安于水边，是"景到随机"的关键观赏点，不同位置的亭所赏或配的植物景观也有所不同。

（1）林间亭

明代园记描述亭常与林相伴，明人爱于林间筑亭，大面积的林地为亭营造了庇荫空间，亭的点缀也增加了林地景观的画面感。林地与亭的结合通常呈三面围合形（图4.1），《弇山园记》中提到："入门而有亭翼然，前列美竹，左右及后三方悉环之，数其名，将十种"，建于竹林间的亭子左右和后方被层层叠叠的竹子环绕着。《离薋园记》中的壶隐亭也与之类似："最南有亭曰壶隐，其三方皆梅，可二十树"，壶隐亭的三面被梅环绕，藏于梅林间。

《惠山茶会图卷》局部

图4.1 林间亭景观示意

明代园记中的植物应用

（2）山间亭

通常建于自然山地中的亭会隐匿于山中林地间，与林间亭无异，而建于人工石山中的亭别有意趣，受制于园内有限的空间，石山较小者，亭伴于其侧，常植较小的灌木。《曲水园记》中记载："西北累黝石为小山，山北为三秀亭，亭故有芝房之瑞，亭北树木芍药，当药栏下半规为曲池"。石山较大者可置亭于山顶（图4.2），周围间植观赏花木，亭、石、花三者组成一幅绚丽多彩的画面。《游金陵诸园记》中提到的魏公西圃中的景观："后一堂，极宏丽，前叠石为山，高可以俯群岭。顶有亭，尤丽，所植梅、桃、海棠之类甚多，闻春时烂漫，若百丈宫锦幄也"。

《桃村草堂图》局部　　　　　　　　　《寄畅园五十景图册》局部

图4.2 山间亭景观示意

（3）水中亭

亭立于池间者众，"水际安亭，斯园林而得致者"，有安于池际者，也有居于水中央者。位于水中的亭多与孤植植物共同构成一幅景致精美优雅的画面。池际的亭子通常背后有大面积林地作为背景，背林而面池（图4.3），如《西佘山居记》中的"（霞外亭）其背背松，其面面池，上径径松，下径径桃"。也有一些亭旁置有木石小景，如《遗善堂名物记》中的"外临小池，池北有亭，傍列石峰，暎以文杏，间以杂花，曰锦石池"，为池边增加视觉焦点；还有枕于古树下的亭，如《逸圃记》中的"径尽，得撷芳亭，枕古槐老榉之下，前临方沼，沼中则荷花采采"，古树为亭增添了古朴之意。居于水间的亭通常四周环池，视野极开阔，其上也常植有植物，成为广塘上的一点画意，如《越中园亭记》中澄玉亭的景观："中开方沼，亭树出其上"。

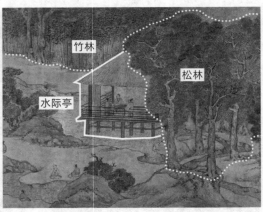

《寄畅园五十景图册》局部 　　　　　　　《兰亭修禊图卷》局部

图4.3 水中亭景观示意

4.1.2 植物与堂配置

《园冶》"屋宇篇"中介绍堂为："古者之堂，自半已前，虚之为堂。堂者，当也。谓当正向阳之屋，以取堂堂高显之义"，即厅堂是园林建筑的主体，处于宅屋中轴线上且正面向阳，是园主办事与接待宾客之处，也是整个园林的构造中心。明代园记描述，在城市地或村庄地的园林中，堂常位于园林的前半部分，其前常置有宽敞的庭院；而位于山林地的堂常依山就势，居于地势平坦开阔之地，两种情况都与庭院空间紧密结合，故其选用的植物种类也具有庭院空间植物应用的特点——高和古。《日涉园记》对堂前植物的描述："东入白板扉为知希堂，有古榆，大可二十围，仰不见木末；又古桧一株，双柯直上，皆数百年物也。"

园中堂的周边种有一株到数株植物不等。有孤植者，如《帝京景物略》成国公园中的"堂后一槐，四五百岁矣"。有对植者，如《枹罕园记》中的"堂前种竹二丛，颇有拂云之势，两旁种菊各三径"；《影园自记》中的"堂下旧有蜀府海棠二"。有列植者，如《归田园居记》中"（兰雪堂）东西则树桂为屏"。有数株间植者，如《弇山园记》中的"堂三楹踞之，殊轩爽，四壁皆洞开，无所不受风，间植碧梧数株"，可见其植物应用形式之多样。一些建设精美宏丽的堂前还置有石台、方池种植植物，如《冶麓园记》中的"堂三楹，南向最为闳敞，高槐数株，骎骎欲干云，与堂蔽亏。友人欧阳惟礼篆书绿雨堂三大字颜之。阶前栝子松二株。又前为月台，叠石为山，东西两台，牡丹、兰草之属寓焉"，描绘了园中绿雨堂前植有两株白皮松，前再置有月台并放置观赏石、牡丹和兰草等；《游溧阳彭氏园记》中的"堂甚鸿丽，前凿方池，周以石栏，芙蕖披纷"，其堂前建有方池，并于周边围以石栏。虽然大多数园记中未描述植物种植的具体点位，但根据明代的园画可以发现，孤植的植物常置于单侧，对植或列植的植物常居于堂前庭侧，多株植物的种植则环绕庭院布置。堂前的花台、方池则常与建筑的轴线相应，体现一定的秩序性（图4.4）。

《开春报喜图》局部　　　　《寄畅园五十景图》局部　　　　《寄畅园五十景图》局部

图4.4 植物与堂搭配景观示意

4.1.3 植物与台配置

《园冶》对台的介绍："园林之台，或掇石而高上平者；或木架高而版平无屋者；或楼阁前出一步而敞者，俱为台"，即台为园林中由石头或是木头构架的、平坦的建筑物，用以登高远眺，故四周开敞，视野开阔。与亭的布置相似，台也可置于林间，置于土冈之上，置于水边。与亭所不同的是，与台结合的植物既有环绕台而植的，也有植于台上的。

居于林间的台常被群林环绕，高树荫之，隐于万木丛中，如《绎幕园记》中所说之台："渡池而上有台，台累土三十余尺而杂树，树与石环之"（图4.5）。植于台上的植物有多种形式，随台面积大小的不同而不同，有置木石小景者，如《后乐园记》中的"台中累石如山，旁植众卉"；《隄洲园记》中的"台有石山，吾邑中物，嵌空与洞庭等，色微逊耳，其间有辛夷、牡丹"。有两株植物对植者，如《归有园记》中的"台侧树槐、杏各一，皆百年物，桧垣周缭之"。有台上对植百年古树并以桧柏编织的屏障将其围合者，如《荪园记》中记有台上对植的古柏："台上古柏二株，亭亭相倚"。还有台下有台者，其上杂植花树，两侧登台道列植有松竹，如《隄洲园记》中的"台下复为小台，蔚杂花树，而竹如凤尾者最盛。分左右径登台，径饶松竹"。

《西林园图景》局部　　　　　　　　　　《春泉洗药图》局部

图4.5 植物与台搭配景观示意

4.1.4 植物与斋配置

《园冶》指出"斋较堂，惟气藏而致敛，有使人肃然斋敬之意。盖藏修密处之地，故式不宜敞显"，即斋为养精蓄锐之所，常居于隐秘之处，故其间植物景观以"幽静"之意为主，高树古木、茂林修竹之景必不可少（图4.6）。

相对于堂的开敞，斋趋向于敛，因此园主人注重斋内的窗景，以窗为画纸，屋外植物随气象变化而成为一幅动态的尺幅画。以《陶庵梦忆》中的不二斋为例，"高梧三丈，翠樾千重，墙西稍空，蜡梅补之，但有绿天，暑气不到。后窗墙高于槛，方竹数竿，潇潇洒洒，郑子昭'满耳秋声'横披一幅，天光下射，望空视之，晶沁如玻璃云母，坐者如在清凉世界"，斋前高大的梧桐树为其遮挡暑气，墙前的蜡梅为院内增加了观赏性，坐于屋内，透过窗看着屋外随风浮动的竹叶，处于其间，犹入清凉世界。

《真赏斋图卷》局部

图4.6 植物与斋搭配景观示意

4.1.5 植物与廊配置

"廊者，庑所出一步也"，廊是园林中厅堂屋檐下周围的走廊延伸出的部分，在园中起着连通景点、遮风挡雨、分割园林空间、组合园林景物等作用。廊于园中开辟出一处线性空间，廊外的植物沿其走势，或列植或间植，或疏或密。密植如《归有园记》中的："廊九楹而为折者七，旁列篁而障之，翠蔓可荫"；间植如《愚公谷乘》中的："尽廊皆有墀，长阔亦如廊之数，每间植桂一株"（图4.7）。

竹林列植

竹林列植

廊

廊

观赏花木间植

《寄畅园五十景图册》局部

图4.7 植物与廊搭配景观示意

4.2 植物与山石配置

山水画家荆浩于其画论《画山水赋》中阐述了植物与山石的关系："树借山以为骨，山借树以为衣。树不可繁，要见山之秀丽；山不可乱，要见树之光辉。若要留心于此，顿意会于元微"，植物与山石组合密切，画中有石无树则失去活力，有树无石则无所依靠，对照至园林建设亦是如此，山石花木共筑城市山林。根据明代园记的描述，可以发现，明代园林中的山石营造形式分为积土成坡、累石成山和孤石成峰3种情况，不同的营造形式所采用的植物种植形式也有所不同。

4.2.1 土山多呈山林景观

面积较大的园林会于池际或是原地形较高处堆土积石成土冈、土阜等土山或土石山等形式，于其上群植植物，形成以面为主的植物景观，营造山林景观（图4.8）。既有同种类植物组成的山林，如《归田园居记》中的"兰雪堂"后的梅林："其后则有山如幅，纵横皆种梅花"；也有常绿树与落叶树相配合的山林，如《陶庵梦忆》中记录的种于"琅嬛福地"土阜上的果林："河两崖皆高阜，可植果木，以橘、以梅、以梨、以枣，枸菊围之"；还有《露香

96

明代园记中的植物应用

园记》中种于"积翠冈"上的常青林："松、桧、杉、柏、女贞、豫章，相扶疏蓊蓁"。

《销闲清课图卷》局部

图4.8 土山植物配置示意

4.2.2 石山配植自然多样

石山的形式多样，与植物的组合颇为讲究，石山上常植有观赏性强的大乔木或小乔木，而岩下常植有牡丹、芍药、山茶、蜡梅等小灌木或草本植物，呈现上高下矮的植物搭配方式，《影园自记》中的："室隅作两岩，岩上多植桂，缭枝连卷，溪谷崭岩，似小山招隐处。岩下牡丹、蜀府垂绿海棠、玉兰、黄白大红宝珠茶、磬口蜡梅、千叶榴、青白紫薇、香橼"，其岩上以乔木为主，岩下以灌木为主；《陶庵梦忆》中也有类似的组合形式："前堂石坡高二丈，上植果子松数棵，缘坡植牡丹芍药"，岩上为白皮松，其下则为牡丹和芍药。

石山组合单元有壁、峰、隙、洞、峡、谷等，明代园记对石壁的植物搭配描写较为丰富（图4.9）。王维于《山水决》中写道："悬崖险峻之间，好安怪木"。明人喜好于石壁上植以嘉木，以白皮松为最，影园中有一处石壁上便植有2株白皮松："阁三面水，一面石壁，壁立作千仞势，顶植剔牙松二"；《弇山园记》中也记录了"紫阳壁"上植有白皮松："（紫阳壁）壁之顶，皆栽栝子松，高不过六尺，而大可把，翠色殷红殊丽"，白皮松立于石壁之上，树冠大而翠绿，其斑驳的枝干与石壁的质感相协和，树形优美，与石山呈一幅美妙画幅。藤本植物也是石壁的绝佳搭配,《自记淳朴园状》中便记有一处"萝壁":"沙上石壁,为萝壁,高可寻丈,怪石倒缀,藤萝缠绕";《石首城内山园记》中也提到一处寿藤石壁之景:"寿藤一大壁,作殷红色,杂以碧绿";《园冶》中认为藤萝石壁具有深意:"或顶置卉木垂萝,似有深境",藤本植物低垂而下的枝叶或掩或现地覆盖于石壁上,软化了石壁过于锋利的轮廓,使其更显自然。

受限于园林规模,一些园林庭院会用数个石块代替大型的假山,这些石块与庭院中的高树古木相结合,如《帝京景物略》中成国公园中的古槐下便纵横置有数石,其质"枝轮脉错,若欲状槐之根",与槐树的根系相映;《乐志园记》中也有"松下盘石,质理奇古"的石景描绘,这些石块与树根相搭配,符合"远树无根"的画诀,营造蟠根嵌石之画意。

《寄畅园五十景图册》局部

图4.9 石壁植物配置示意

4.2.3 置石点植观赏植物

明代园林中常置石,点植有观赏性嘉木(图4.10)。有藏于高树林立间的孤石,如《愚公谷乘》中的"倚锻处":"涧洲有树五株,最巨,相抗而峙,莫敢降薄,中立一石,高可三丈,而尚不及树之半",木大而山低,体现景观的恢宏之气；也有孤峰成景，左右荫以花木者，如《离薋园记》中被玉蝶梅和绿萼梅围绕的洞庭石："列孤峰，累洞庭石，左右玉蝶梅、绿萼梅各一"；还有《筼筜谷记》中与芭蕉相映成景的锦川石："植锦川石数丈者一，芭蕉覆之"，营造笪重光在《画筌》中提到的"片石疏丛，天真烂漫"之意。

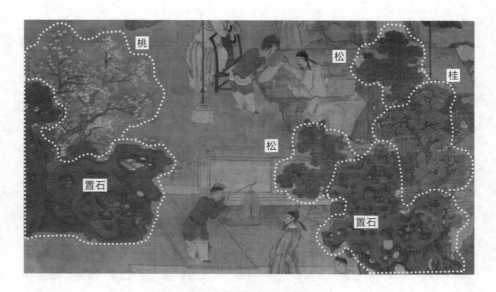

《春夜宴桃李园图》局部

图 4.10 置石植物配置示意

4.3 植物与水体配置

《长物志》卷三的"水石篇"中提到："园林水石，最不可无"，道出了园林不可无水的原则。明代园记中记录了多种水体形式，如池、沼、塘、渠、流、溪、涧等，模拟自然界中的各种水体空间，围绕着不同形式的水体空间，植物的种植情况也有所不同。根据所收集的明代园记文章，可以将植物与水池的景观搭配分为大型的池中之景，池畔之景以及小型的渠、流、溪、涧之景。

4.3.1 池中杂植水生植物

明代园记中常记有凿地为池的水池建置形式，且多以亩计，是园林中最为开敞舒朗之处，"愈广愈胜"。池中主要植荷花，间植以菱、荇、芡、菰、芦等水生植物，如《归田园居记》中的"广池"："自楼折南，皆池，池广四五亩，种有荷花，杂以荇藻，芬葩炀炀，翠带枙枙"。一些园林还会于水中点缀以怪石，增加水中景物的层次感和多样性，如《湄隐园记》中的："楼前三丈许，凿藕池半亩，引流以入，星布怪石于莲芡间"。《长物志》在"广池"一节的营造中提到应"于岸侧植藕花"，同时还要"忌荷花满池，不见水色"，可见池中的水生植物种植通常偏于一侧，如布于画布一隅，为开阔的池面留白，保留广池的舒朗之感，又增添几分雅意（图4.11）。

《月令图卷》局部

图4.11 水池中植物配置示意

4.3.2 堤岸注重落英成影

池畔筑堤以固水，堤上风景娉婷，既可自成一处景致，又是池中人的观赏佳处。明人于园记中提到许多广池长堤风光，堤上常沿池岸列植树木以成屏，如《寓山注》中所描绘的"柳陌"："介于两堤之间，有若列屏者，得张灵虚书曰柳陌，堤旁间植桃柳，每至春日，落英缤纷"，桃柳组合形成连绵的长堤春光；还有注重池岸景观的层次感，由近至远，由大到小地进行景观营造："趾水际者，尽芙蓉；土者，梅、玉兰、垂丝海棠、绯白桃；石隙种兰、蕙、虞美人、良姜、洛阳诸草花"，近水者为木芙蓉，稍远处植以观赏花木，岸边石矶处植以兰蕙等草花，高低错落，层次丰富，植物种类多样，形成丰富的堤岸景观（图4.12）。

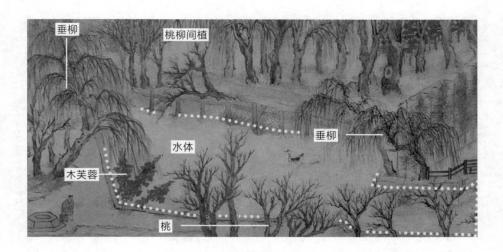

《求志园图卷》局部

图4.12 水池边植物配置示意一

此外，池际还会点植少许古木，古木大可合抱，或为高木，或有怪姿，置于池畔，偃蹇婆娑，生意横生（图4.13），如点植于西佘山居中的老梅："有老梅一枝，是为梅祖，狂枝覆地，轻梢剪云，与池上垂杨，黄金白雪，相亚而出"，其枝桠覆地，花时与刚冒芽的垂柳形成黄白色彩的对比，丰富景观的视觉效果；还有如点植于金盘李园内的白皮松："左右老桧八株，大者合抱，偃蹇婆娑，生意郁然"，蟠枝虬根，极具生命力。

《江乡清晓图》局部　　　　　　　　　《春山吟赏》局部

图4.13 水池边植物配置示意二

4.3.3 溪涧营造花木葱茏

除了开阔的广池外，园中还有小型的水体空间，渠、涧、溪等写仿自然界中的水源或是水尾，通常依山就势，水流较细，弯曲环绕，再现"碧涧奔泉，深岩绝壑"之境。相对于开阔的池面，此类水体形式主要营造郁闭度高的空间氛围，通常或两岸夹树，花木郁郁（图4.14），如《金粟园记》中的长渠两岸的桃、柳："而门临长渠，桃花水生如委练，垂柳夹之，可以荡舟"；《弇山园记》中池南环以木芙蓉的小沟："池从南，得小沟，宛转以与后溪合，旁皆红白木芙蓉环之，盖亦不偶云"。或是穿林而出，如《横山草堂记》中的"漱雪桥"下穿竹林而出的小溪："由是先入深壑，竹阴转密，日影不漏，有溪一湾，潺潺横泻"；《王氏拙政园记》中穿竹圃而过的竹涧："水流渐细，至是伏流而南，踰百武，出于别圃丛竹之间，是为竹涧"。

 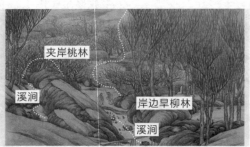

《竹溪花坞图》局部

图4.14 溪涧植物配置示意

明代园记中的植物应用

第5章
明代园记中的植物应用特征

　　明代园记中记录了园林中各式各样的植物景观，造园家发挥巧思、手法巧妙，使各类植物结合自然之势，因地制宜成景。而植物作为园林中唯一具有生命的要素，其生长具有季节性，随着四时之色而体现出不同的四季景观，为游于园中之人提供了不同的季节画卷。植物的种类、应用手法和配置方式共同构成了丰富的植物景观。明代园记中还常以植物及植物景观为景名，或为描绘景色，或为以植物之意表述心中之志，体现了丰富的植物文化。园居生活也在园记中被描绘得多姿多彩，园主人游于园中感受植物的自然之境，可坐可卧，可风可月，可觥筹交错，可诗文酬唱。总体而言，明代园记记录的植物应用特征主要有以下六个方面。

5.1 注重植物观赏价值

　　明代的园林发展已至成熟期，是造园活动的高峰期。这一时期的园林观赏植物应用更为丰富，从当时刊行的许多园林技艺方面的专著可见一斑，如与园林植物有关的明代王象晋的《二如亭群芳谱》和王世懋的《学圃杂疏》等。明代园记不仅记录了明代丰富的植物种类应用，还传达了明人对观赏植物的偏好。统观明代园记所提及的植物种类可以发现，观赏价值高的植物种类在园记中的出现频次更多。尤其喜树木之古朴，爱花木之色艳。

5.1.1 喜树木之古朴

　　对于乔木的选择以高、古、冠大荫浓为标准，明代文人邹迪光在《愚公谷乘》中阐述了这一原则："吾园内外树，多干霄合抱之木，不必其枝琼干翠，与是吾家物，而取其虬盘凤翥，家不自有而为吾有之，如幕之垂，如褥之铺，斯亦所为胜耳"。大多明代园记在描绘园中乔木时会强调其高度、年龄和荫庇程度，如常出现的"高槐""高杨""高柳"等，通常为"高"加上一种乔木名称，可见"高度"是明代造园家关注的一大观赏特性。

古树带来的岁月悠远之感也颇受造园家的喜爱，如《帝京景物略》中记载的"英国公园"中有一株老梧："阁之梧桐又老矣，翠化而俱苍"；邹迪光于《愚公谷乘》中提到："见古木如虬，不忍弃去，因而梵石以象浮岛"，因不忍弃古树而因古树置景。

枝叶交荫、郁郁苍苍的高荫庇度能带来深远的观赏效果，因此冠大荫浓者也是造园家所追求的乔木种类，如《帝京景物略》中的"定国公园"有着满院的绿荫："西转而北，垂柳高槐，树不数枚，以岁久繁柯，阴遂满院"；《谐赏园记》中记录的"谐赏园"有如盖如幄的绿荫："左右藩以柔黄，环以榆、柳、槐、棘，枝叶交荫，如盖如幄"；《游金陵诸园记》中的"金盘李园"也有高荫庇度的小径："榔榆夹之，高杨错植，绿阴可爱"。乔木作为园林骨架的重要营建者，立于园中如创设了一个自然的空间，既能让游人感受自然气息，又能带来较好的观赏度，绿意盎然让满园绿意关不住。

5.1.2 爱花木之色艳

明人颇爱观花植物的应用，前文也提到明人偏好应用观花植物。明代园记也颇好对园林中应用的观花植物进行详细描述，注重描绘植物的盛花和色艳两大特点。

盛花者多为梅、杏、桃、梨、蔷薇、荼蘼、木香、海棠等蔷薇科植物和牡丹、芍药等芍药科植物，如《绎幕园记》中花开极盛的蔷薇："度亭而北，则锦云窝，蔷薇为之，骈罗布濩，若垂缨络，若缀流苏，若众香林，若四宝宫"；《乐志园记》中花开若锦的牡丹："花时烂若张锦"；《谐赏园记》中落红万千的梅杏桃梨："旁植梅、杏、桃、梨各数株……落红万千，满人衣裾，不减许瑾花茵也"和灿然如锦不输金谷园的花屏："亭后遍植蔷薇、荼蘼、木香之属，骈织为屏，芬芳错杂，烂然如锦，不减季伦步障也"。

对于花木色彩的细致描绘也是园记中的一大特色。如写黄紫的《且园记》："斋前编竹为垣，倚垣为圃，种牡丹黄紫数本，傍伏怪石，卷曲睨人"；

写红紫的《绎幕园记》："北出为锦云窝，径皆蔷薇，浅红深紫，游者如入锦步障"和《寄畅园记》的："堂前层石为台，种牡丹数十本，花时，中丞公宴予于此，红紫烂然如金谷"；写红绿的《影园自记》："薄暮望冈上落照，红沈沈入绿，绿加鲜好，行人映其中，与归鸦乱"。

总体来看，明代园记注重植物的观赏价值的描绘，爱书写高、古且荫浓的乔木，与王世贞"园以乔木胜"的造园理念相映。喜好花开灿烂的植物种类，爱于花时进行游园活动，感受"花时雕缋满眼，左右丛发，不飔而馥"的满足感，体悟"乱花渐欲迷人眼"的视觉愉悦感。

5.2 注重四时之景

植物的季节性是植物不同于其他造园要素的重要特点之一，植物之景因四时不同而具有变化，给人带来的感觉也有所不同。明人建园布景重视四时之景，《园冶》提到园林的特点之一便有："纳千顷之汪洋，收四时之烂漫"，园林中景观的建设也追求"节序参变，景物并佳"的原则。

下文根据明代园记中对四时之景的描写，列出四季中有代表性的植物景观（表5.1）。春之繁花新柳，夏之红荷绿荫，秋之黄菊丛桂，冬之寒梅霜雪。《蒹山文园记》中将四时之景描述得淋漓尽致："芳春绿叶红蕤，烂若霞绮；盛夏莲华出水，风动雨浥，清芬触鼻；秋来芙蓉满堤，黄鞠盈把，幽意飒然；霜霰既零，卉木凋伤，庭橘深绿，朱实累累"。根据季节的不同，园林中观赏的植物种类和对象有所不同。

春季是万物复苏的季节，园林中的观赏花木的花期大多处于春季，园中以蔷薇科为主的花木争相开放，如早春的梅、桃、李、杏等，紧随其后的海棠、玉兰等，最后的牡丹、芍药等。《熙园记》中所记："杂植梅、杏、桃、李，春花烂发，白雪红霞，弥望极目，又疑身在众香国矣"，各类花卉绽放，应接不暇。根据明人对春景的描述，可见其人偏好花开成片的视觉冲击感，多为杂植的花木，或植于土阜之上，或植于堂前亭旁，多花齐发的生命力，烂若霞绮。

荷盛放于夏季，从古至今都是文人墨客笔下夏季的景点景观，明代也不例外，每至夏日，荷花开满池，带着清风送来阵阵凉意，荷香袭人更显夏日爽意。此外，夏日草木怒生，正是观绿叶之时，四周一片绿意，各类花木叶浓成荫，叶形奇特、株型较高大的芭蕉尤为突出，或生长于庭墀，或生长于廊侧，与窗组成为一幅"尺幅画"，凸显夏日的绿荫。

秋季是多彩的季节，是可观花、观叶，还可观果的季节。明代园记中最常见的秋季花事便是金桂飘香、木芙蓉满堤、菊花满圃，此时橙、橘、香橼等芸香科植物已挂果，同时落叶植物也已染上红黄两色，进入凋敝期，秋花盛放，果实累累，层林尽染。

冬季园中花开较少，独寒梅、蜡梅盛放，与白雪相映成趣，除了高大的乔木外，明人还会于园中种以盆养的水仙于庭阶，共同构成万物凋零之季的一抹亮色。

表 5.1 明代园记中的四时之景

季节	园记名称	四时之景描述
四时	《帝京景物略·白石庄》	春：黄浅而芽，绿浅而眉、深而眼；春老：絮而白；夏：丝迢迢以风，阴隆隆以日；秋：叶黄而落，而坠条当当，而霜柯鸣于树。
	《陶庵梦忆·不二斋》	夏日，建兰茉莉，芗泽浸人，沁入衣裾；重阳前后，移菊北窗下，菊盆五层，高下列之，颜色空明，天光晶映，如沈秋水；冬则梧叶落，蜡梅开，暖日晒窗，红炉毹毹，以昆山石种水仙列阶址；春时，四壁下皆山兰，槛前芍药半亩，多有异本。
	《戴山文园记》	芳春绿叶红蕤，烂若霞绮；盛夏莲华出水，风动雨浥，清芬触鼻；秋来芙蓉满堤，黄鞠盈把，幽意飒然；霜霰既零，卉木凋伤，庭橘深绿，朱实累累，节序参变，景物并佳。
	《余乐园记》	堂后有轩曰容膝，乐之知足者。轩有海棠一树，高丈许，花落如红雨。春日憩焉。有青梧数树，夏则纳凉其下，秋种菊几百种，冬倚古梅，作长啸声。
	《山居赋》	春阳煦兮山花馥，夏风畅兮山树绿。凉月皎兮山鸟号，朔霰飞兮山峰秃。
	《归园田居记》	每至春月，山茶如火，玉兰如雪，而老梅数十树，偃蹇屈曲，独傲冰霜，如见高士之态焉，插篱成径，至梅亭、紫薇沼，亦园居之一幽胜也。北临漾藻池，遥望紫逻山，飞翠直来扑坐，夏月之荷，秋月之木芙蓉，如锦帐重叠，又一胜观。

季节	园记名称	四时之景描述
春景	《影园自记》	外户东向临水，隔水南城，夹岸桃柳，延袤映带，春时舟行者，呼为小桃源。
	《弇山园记》	堂之北，海棠、棠梨各二株，大可两拱余，繁卉妖艳，种种献媚。又北，枕莲池，东西可七丈许，南北半之。每春时，坐二种棠树下，不酒而醉；长夏醉而临池，不茗而醒……
	《魏公西圃》	顶有亭，尤丽，所植梅、桃、海棠之类甚多，闻春时烂漫，若百丈宫锦幄也。
	《熙园记》	堂之左，为长廊响屧，隔岸土阜蜿蜒，杂植梅、杏、桃、李，春花烂发，白雪红霞，弥望极目，又疑身在众香国矣。
春夏之交	《古胜园记》	亭四隅多种芍药、桃李、葵榴，他花错置，有何首乌者，结蔓而成小亭。青蓝绿莎，映带相发，春夏花事，应接不暇，名之曰群芳。
夏景	《晓园记》	其堂之后，绕以朱栏，芙蕖纷披其后，当盛夏时更清芬袭人。
	《小昆山读书处记》	侧室蕉数本辅之，以长夏弄碧可念，曰蕉室。
	《西佘山居记》	盛夏草木怒生，落亦不落，但闻竹风萧萧而已。
	《适园记》	穴埠而入，碧梧两章，江梅一株，夏翳绿云，冬霏香雪。
夏秋之交	《挹爽轩记》	前疏流泉，植菡萏。夏秋之交，花开满池，芳香馤馣。
	《遗善堂名物记》	堂之後有楼五间，西南皆稻田，当夏秋时，黄云绿浪，极目数十里，因题曰观稼。
秋景	《影园自记》	秋老，芦花为雪，雁鹜家焉，昼去夜来，伴予读，无敢灌呶。
	《偕老园记》	杂卉之外，树橙橘、香橼之属，秋得其实，冬取其荫，望之森然。苍翠之色，掩映数里。
	《西佘山居记》	亭前多桂，每岁秋时，觞桂于此。
	《陶庵梦忆》	（巘花阁）秋有红叶，坡下支壑迴涡，石姆棱棱，与水相距。
	《快园记》	秋色如黄葵、秋海棠、僧鞋菊、雁来红、剪秋纱之类，铺列如锦。
	《东庄记》	外为蔬畦，缘堤芙蓉红蓼，每秋深的历可爱。
	《奕园记》	新梧初引，萧露晨流；西山朝来，致有爽气。皆昔人佳话。其景入秋为胜。
	《西园菊隐记》	当秋霜凌厉，卉木凋瘁之余，顾高山平原，秃然无观，独其园中之菊则方吐其英，骈立互芬，如端人正士之临大节而不可夺。

季节	园记名称	四时之景描述
	《菊隐轩记》	明年春，得佳菊数本，乃翦苗翳，去瓦砾，手亲莳之，未盛也。又明年，复得四本，间错植之，滋壅培焉。及秋，黄蕊紫艳，掩瑛庭阶，幽香远芬，薰龙衣履，朝浙暮抚，不知金仙、女真之在左右也。
秋冬之交	《从适园记》	湖山既胜，又益以花木树艺，秋冬之交，黄柑绿橘，远近交映，如悬珠，如缀玉。
冬景	《横山草堂记》	藩内复开辟旷地，植梅数十本，冬月香雪平铺，亦不减孤山疏影。
	《梅雪斋记》	晚出隆冬时，梅始作花。
	《白斋记》	槛外植梅二十余株，冬时盛开，万玉璀璨，被以密雪，铺琼叠练，内外交莹。

5.3 向往自然之境

明代园记的作者不乏山水爱好者，通常于开篇处或结尾处抒发对于山水之境的喜爱。王心一的《归田园居记》中开篇便表露了自己的山水之好："余性有邱山之癖"；吴国伦《北园记》的结尾处也提及自己的丘山之好："而置之丘壑，性也"，对于山水风光的喜好加剧了这些作者对自然山林的向往之意，也推动这些文人加入了造园的行列，以期于园中再造自然山林之境，栖居于自然，与花鸟为伴。

对山林之境的向往之意形成了园林中"虽由人作，宛自天开"的自然之境，如顾大典于《谐赏园记》中所说："江山昔游，敛之邱园之内"。结合前文，植物与山石空间、水景空间和圃地空间的群植便是为了再现自然密林之境，如《谐赏园记》中植树叠石而成"茏葱蓓峭，迷若林麓"之境；张洪于《耕学斋图记》中提及其圃地中深山之意："而最后地广成圃，杂树花果之属，皆数拱余，竹益茂，郁然深山中矣"；邹迪光于《愚公谷乘》中打造了"水边林下处"，通过对植物、山石和水景的搭配，将山水之境引入园中。

对山林之境的向往之意还体现于选址时注重园外之境。为了最大程度地接近山林，明代文人以山林地作为造园之基为胜。王稚登于《兰墅记》中便提到友人吴幼元对园林的选址："见此丘幽然，美筱嘉木，蓊青峭蒨，径深而纤，涧窅而曲，意其中有异壤焉；乃从山人券取之，薙荆榛，伐荒翳，除草莱，平磽确，营之累岁而成兹墅"，山地幽静，竹树蓊郁，为园主人接近山林之境打下了基础。江元祚于《横山草堂记》中书写了山林地中园林的精妙之处："既屏以崇山峻岭，复绕以茂林修竹，前则江湖梅松为径，后则岩石泉瀑为邻"，体现了作者的钟爱之意，此间山水之景是爱好山林者的理想场地。祁彪佳于《寓山注》中对其园内外的山林之境赞许有加："至于园以外，山川之丽，古称万壑千岩，园以内，花木之繁，不止七松、五柳"，山川之丽和花木之繁体现了作者接触山林之境的追求。除了山林地外，村庄地和郊野地也多受造园者的青睐，张洪在《耕学斋图记》中便记录了建于村庄地、被古柳和湖水环绕的耕学斋："多古柳依岸，湖水湾环，而耕学先生之宅据其阳"；王世贞的《澹圃记》则记录了其弟王世懋建于郊野地被竹树环绕的澹圃："稍远为乡人墅，饶嘉木美箭之属。敬美大乐之，曰：'是可居也'"。这些地点植物蓊蔚为园居者打造了自然之境。

　　总体来说，明代园记中记述了多种造景手法，植物于不同空间，采用不同形式，与各要素搭配，最终打造园林中的自然山林之境。除了园林内，园林外山林之境的选址也拉近了园林与自然的距离，满足造园者对自然山林之境的向往之意。

5.4 深植隐逸文化

　　植物被赋予品格借以喻人抒情，可远溯至春秋战国时期的《诗经》和《楚辞》，经过漫长历史长河，在文人墨客笔下，许多植物有了固有的意象和文化内核。

5.4.1 隐逸思想

　　中国传统文化中的隐逸思想由来已久，早于先秦时期便有所记载，先秦儒家著名思想家孔子在《论语·泰伯》中写道："有道则见，无道则隐"，老子和庄子践行隐身隐心之举。后经千年发展，隐逸思想内涵逐渐丰富。明代文学家都穆在《听雨纪谈》中对隐逸思想进行了总结："昔之人谓有天隐、有地隐、有人隐、有名隐；又有所谓充隐、通隐、仕隐，其说各异……然予观白乐天诗韵：大隐在朝市，小隐在丘樊，不如作中隐，隐在留司间"，可见隐逸的形式多样，内涵更是丰富。根据学者张德建的总结，明代的隐逸思想由明初的以道自高，到洪武之后的抱道以隐，到吴中地区的市隐，再到强调世俗伦理的有所挟而隐，最后到晚明衍生出通隐五个思想变化过程组成。

明代园记多出自文人之手，其中蕴含着深刻的隐逸思想。著于明初洪武至永乐年间的《兰隐亭记》《西园菊隐记》以于园中种植兰花、菊花体现"隐居以求其志，行义以达其道"的儒家"道隐"精神；著于明代中期天顺至成化年间的《西塍小隐记》《南山隐居记》《菊隐轩记》等多于园中行耕稼之事体现当时流行的"耕隐"思想；明代中后期嘉靖至万历年间的《王氏拙政园记》《离薋园记》等则以建造"城市山林"的"市隐"思想为主；写于晚明崇祯年间的《横山草堂记》《西佘山居记》等体现了当时文人完全沉浸于山林之乐的隐居思想，抛开了世俗的束缚，达到隐居以乐的通隐阶段。这些隐逸思想的体现也反应在植物应用中，由于古往今来的隐士多享山林之乐，故成就了许多与植物相关的隐逸典故，在文人墨客、画家、诗人的诗书画作的传唱中逐渐形成了固定的植物隐逸文化意象。

（1）武陵桃花源——桃

"武陵桃源"的意象出自东晋诗人陶渊明的《桃花源记》，是历史上著名的关于避世隐居的文章，文中记载由桃花林中的溪涧向前可见一洞口，入其中发现一处世外桃源，其中土地平旷，屋舍俨然，有良田、美池、桑竹之属，处于其间的人们怡然自乐，一派宁静祥和，安宁和乐。此意象经久流传，逐渐成为质朴、避世的经典符号。

明代园记多见此植物意象，多于水边造桃林以象征文中"忽逢桃花林，夹岸数百步"之景。如《寄畅园记》中的"西垒石为涧，水绕之，栽桃数十株，悠然有武陵间想"；《王氏拙政园记》中的"至是水折而南，夹岸植桃"。或于园中假山洞口外植桃以象征文中桃花林尽处的洞口，如《归田园居记》中的"南出洞口，为漱石亭，为桃花渡"。这些景观以桃花为主景，也多以桃花为名，如"桃花渡""桃源""桃花沜"等，既有桃源之意，也体现绚烂的桃林之景（图5.1）。

图5.1 明 文徵明 桃园问津图（局部）

（2）小山招隐士——桂

"小山丛桂"意象出自东汉王逸的《楚辞章句》中收录的《招隐士》，是由汉代淮南王刘安门客淮南小山所作的汉赋，文中开篇描述隐士所居住的环境为"桂树丛生兮山之幽，偃蹇连蜷兮枝相缭"。经传唱，"小山丛桂"逐渐成为文人笔下隐士幽居之所的代表。

明代园记中记录的与该意象相关的景点，多为于假山上植桂，如《影园自记》中的"小山招隐"："室隅作两岩，岩上多植桂，缭枝连卷，溪谷嶄岩，似小山招隐处"；《归田园居记》中的"小山之幽"："轩前有山，丛桂参差"。这些景观以桂和假山为主景，既象幽居之意，又构建山石花木相合的画面（图5.2）。

图5.2 明 唐寅 丛桂图卷（局部）

（3）采菊东篱下——菊

宋代文人周敦颐在《爱莲说》中对菊评价道："予谓菊，花之隐逸者也"，菊与隐逸思想结缘自陶渊明起，陶渊明爱菊世人皆知，其诗文中多有与菊相关的记述，如《饮酒（其五）》的"采菊东篱下，悠然见南山"，《九日闲居并序》中的"余闲居，爱重九之名。秋菊盈园，而持醪靡由空服九华，寄怀于言"，都为菊赋予了悠然、惬意、闲居之意。

明代园记中对菊隐的应用常以大面积种植的"菊圃"出现，以示"秋菊盈园"之景，如《西园菊隐记》中的"庐陵罗君子礼作园于其所居之西，植菊数十本，开轩以面之"。造园者还常于种菊处置观景建筑并为其赋予"菊隐"之名，如《菊隐轩记》中的"菊隐轩"。

（4）林处士梅隐——梅

林处士即为北宋隐逸诗人林逋，隐居杭州孤山，终身不仕不娶，酷爱植梅养鹤，有一首著名的颂梅诗《山园小梅》，其中流传最久者为："疏影横斜水清浅，暗香浮动月黄昏"，经北宋文人沈括的《梦溪笔谈》记载，"梅妻鹤子"成了隐士生活的符号，梅也成为隐逸思想的代表之一。

明代园记中记录的以梅为景的园林极多，有纯欣赏之景，也有蕴含隐逸之景（图5.3、图5.4）。如绕屋种梅以示隐逸者的"梅花屋"："元王元章极喜画梅，于九里构书舍，绕屋种梅，隐居不仕"。还有于山坡种梅以示"林逋梅隐"之意的《寓山注》"梅坡"："坡上种西溪古梅百许，便是林处士偕隐细君栖托者"，其景观多以梅林为主，或于屋傍，或于山坡上，以梅为名，以隐为意。

图5.3 明 陈洪绶《梅石图》　　图5.4 明 唐寅《梅花书屋图》

（5）听松与抚松——松

陶弘景为南北朝著名隐士，隐居于茅山，被世人称为"山中宰相"，其爱松甚，《南史·隐逸传下·陶弘景传》中描写陶弘景："特爱松风，庭院皆松，每闻其响，欣然为乐"，植于隐居名士庭院中的松从此被赋予了隐逸之色，因陶弘景爱松声，故后人常以"听松"象征隐居（图5.5）。明代园记中的景名多见以"松声""松风"者，如《游勺园记》中的"松风水阁"，《乐志园记》中植有一株古松的"听涛亭"，《王氏拙政园记》中环植长松的"听松风处"，《越中园亭记》中群植松林的"听松轩"。

除了"听松"外，"抚松"也带有隐逸之意，该意象源于陶渊明的爱松之情。陶渊明写松，以松作为自己的脱身之所，由《饮酒（其四）》中的"因植孤生松，敛翮遥来归。劲风无荣木，此荫不独衰。托身已得所，千载不相违"可见一斑，著名的《归去来兮辞》中"景翳翳以将入，抚孤松而盘桓"体现了陶渊明对隐居生活的喜爱之意，抚松不愿归，也使"抚松"一词带有了隐逸之色。明代园记中以"抚松"为名者不在少数，如《绎幕园记》中的"揽辉台"："折而西，为揽辉台，谡谡长松，盘垣可抚"，还有《北园记》中古松十余株的"抚松台"。

图5.5 宋 马麟 静听松风图（局部）

（6）隐于菰芦中——菰芦

菰芦即为菰和芦苇，二者既能组合应用也能单独应用，以象征水生植物之景，同时还常被借指为隐者所居之所，如《三国志·顾雍传》记有诸葛亮对殷礼的赞赏之词："东吴菰芦中，乃有奇伟如此人"。明代冯梦龙于《（智囊补）自叙》称："余菰芦中老儒尔"，以"菰芦"为名士所处之地。明代园记中也有以"菰芦"为意的景点，如《影园自记》中的"菰芦中"："一亭临水，菰芦幂羃，社友姜开先题以菰芦中"；《名园咏序》中也提及"菰芦"："菰芦中之园平，其取蒨者在竹与水"；《小百万湖记》中以"芦苇"为景，营造水中渔歌之乐和隐逸之境："东南为渔浦，其处多芦苇菰蒲，垂裘而乐，故其矶为聚鸥，庵为枕蒽，亭为挂笠"。

5.4.2 比德思想

借植物喻人在我国有着悠久的传统，中国最早的诗歌合集《诗经》便已用植物起兴喻人，此后数千年来，许多植物的文化意象不断深化，被赋予了坚贞、高洁、优雅等优秀品德，成为众多文人墨客托物言志的载体。通过前文明代园记中所记录的植物种类，可以发现多种植物有着丰富的文化意象，正如清人张潮在《幽梦影》中所写："梅令人高，兰令人幽，菊令人野，莲令人淡，春海棠令人艳，牡丹令人豪，蕉与竹令人韵，秋海棠令人媚，松令人逸，桐令人清，柳令人感"。明代园记中也有不少景点的名称以植物品格为名，以植物之意解造园之思，示平生之志。

（1）岁寒之松柏

松柏以其挺拔之姿和四时长青不败之品质深受文人喜爱，儒家典籍给松柏赋予了巍然挺拔、刚直凝练、凛冬不凋的刚正形象，如《论语·子罕》中的"岁寒，然后知松柏之后凋也"，《庄子·德充篇》中的"受命于地，唯松柏独也在，冬夏青青"。

明代园记所记录的景名中也常有以"岁寒"为名者，取《论语·子罕》中"岁寒"之意，借松柏寒冬不凋之特性比喻人的坚忍不拔、坚贞不屈，不变初心之志。《枹罕园记》中的"岁寒亭"："斋旁构亭者二，各一间，东扁曰岁寒，环植松柏，喻坚节操也"；《绛幕园记》中的"岁寒亭"："结柏而栖者岁寒亭"；还有与其意思相近的《后知轩记》中的"后知轩"，取自同一句话中不同的词语，轩外植有柏林并间植以松。

（2）君子之雅竹

竹向来有君子之意象，远溯至《诗经》中的《卫风·淇奥》便已经以竹喻君子："瞻彼淇奥，绿竹猗猗。有匪君子，如切如磋，如琢如磨"。由此，后世对竹的君子之意的称颂有增无减，且许多著名文人为其著文赋诗，如明代著名思想家王阳明曾作《君子亭记》夸赞竹的君子之道有四："中虚而静，通而有间，有君子之德；外坚而直，贯四时而柯叶无所改，有君子之操；应蛰而出，遇伏而隐，雪雨晦明无所不宜，有君子之时；清风时至，玉声珊然，风止籁静，挺然特立，不挠不屈，有君子之容"，竹体现了君子的德、操、时和容，君子形象更为丰富。

明代园记中记有多处以竹为景的景观，常为其附以"君子之名"，如《弇山园记》中群植竹林的"此君亭"："入门而有亭翼然，前列美竹，左右及后三方悉环之，数其名，将十种，亭之饰皆碧，以承竹映，而名之曰此君，取吾家子猷语也"；《学园记》中也有一处以竹为景的"君子亭"："过桥为竹径，种竹数万个，中为茅庵，小可容膝，名曰君子"；《两君子亭记》中更是以竹为竹景，只种竹而无杂木。

（3）独秀之古梅

对于梅的称颂由来已久，早在魏晋南北朝时期便有大量的咏梅诗出现，在宋代文人的笔下，梅的意象逐渐以清峻孤傲、高洁耐寒、独立风雅的品质展现于世。如王安石的"墙角数枝梅，凌寒独自开"，陆游的"无意苦争春，一任群芳妒"，辛弃疾的"更无花态度，全是雪精神"。

明代园记中梅景常与雪景并置以凸显梅独秀寒冬之意，显示园主人的高洁之姿，常见的有"香雪""梅雪"之景，如《弇山园记》中以梅林为景的"香雪径"，《求志园记》中的"香雪廊"，《日涉园记》中的"香雪岭"，《毗山别业记》中的"梅雪苑"，《素园记》中的"香雪阁"，《北园记》中的"香雪林"。还有以"寒"为名以凸显梅花凌寒不屈之意者，如《集贤圃记》中的寒香斋："蹑石上薄寒香斋，古梅驳藓，虬松离错。"

（4）高尚之香草

受屈原的影响，香草被赋予德行高尚之意。屈原于自己的诗作中不吝对香草的赞美，如耳熟能详的"扈江离与辟芷兮，纫秋兰以为佩""畦留夷与揭车兮，杂杜衡与芳芷"等，以香草自喻，表达自己不与世俗同流合污，孤傲高洁、坚贞不屈的情操。除了屈原外，孔子的《猗兰操》也为香草中的兰增添了高洁之士的意象，后世唐代的韩愈仿其作使之流传更广："兰之猗猗，扬扬其香。不采而佩，于兰何伤"。

明代园记中不乏以香草为名的景观，多以兰为意象和观赏植物，如《城南别业图记》中的"兰畹、蕙亩"便出自屈原《离骚》的"余既滋兰之九畹兮，又树蕙之百亩"；《畎山别业记》的"猗兰"则是出自《猗兰操》。

（5）清廉之白菘

菘即白菜，在我国文化中有着丰富的寓意，因其外形洁白且生于冬季而不凋，有松柏之节操，也有清白廉洁之意。

明代园记中的造园者多为入仕者，清正廉洁正是多数人所求或是标榜于身的标签，故园林中不乏有以"菘"为景为名者，以象征园主的清廉之意，如《吕介孺翁斗园记》中种有白菜的"俯菘楼"："别有楼菘生其下，名曰俯菘"；还有《愚公谷乘》中以菘为名的"晚菘斋"。

除了上述常见的植物意象外，还有一些传统的植物品德，如出淤泥而不染的莲，凤凰栖居的梧桐，高洁淡雅的菊、桂、橘等，从园记中也可以看出园主人对这些有高尚品格的植物的偏爱。

5.4.3 宗教思想

明代是儒道释三教发展的重要时期，尤其是晚明时期佛教禅宗尤为盛行。《四库全书总目》中写道："明季士大夫流于禅者十之九也"。明人谢肇淛于《五杂俎》中也提到晚明佛教发展的盛况："今之释教殆遍天下，琳宇梵宫盛于黉舍，唪诵咒呗器于弦歌，上自王公贵人，下至妇人女子，每谈禅拜佛，无不洒然色喜者"。其中文人居士群体对佛教的发展有着巨大的贡献，他们作为禅宗的爱好者，将禅意带入生活中，使其生活化，而作为受过传统文学熏陶的文人群体，其儒学和道学的学问也非常深刻，因此，作为文人居士栖居之所的园林少不了三教的身影。这些造园者除了于园中设置佛龛、佛堂或依寺庙而建园之外，还在园中选用带有宗教色彩的植物类型。

最常见者有兼具佛教圣洁和道教祥瑞的莲，莲花在佛教和道教的经典中随处可见，如佛教中《佛说无量寿经》的"宝莲花周满世界"；道教大师王嘉的《拾遗记》卷一·轩辕黄帝中："有石蕖青色，坚而甚轻。从风靡靡，覆其波上。一茎百叶，千年一花"。根据明代园记的记录，可以发现，园林中有许多以莲为主的景观，多称为"莲池""莲沼"等，具有明显宗教色彩的有《游勺园记》中以白莲花为主景的"太乙叶"："南有屋，形亦如舫，曰太乙叶，盖周遭皆白莲花也"。

桂花也常植于寺庙中，唐代诗人李白的《送崔十二游天竺山》一诗中便对天竺寺中的桂花进行了描写："还闻天竺寺，梦想怀东越。每年海树霜，桂子落秋月"。白居易的《寄韬光禅师》中也提到天竺寺中的桂子："遥想吾师行道处，天香桂子落纷纷"，其借最后一句比喻禅师的高妙，为"天香桂子"赋予了禅意。除此之外，桂还有一别称为"金粟"，以其黄花细如粟而得名，而佛教中有一佛名为"金粟如来"，此等联系更为桂增添了宗教之色。明代园记中多有以"金粟"为名的桂景，如王世贞的《弇山园记》中有桂数十百树的"金粟岭"，《归有园记》中以桂为障的"金粟屏"，《春浮园记》中老桂丛生的"金粟堂"。著名文人袁中道还建有一处以桂为主的"金粟园"，并著文以《金粟园记》。王世贞和袁中道都是禅宗爱好者，"金粟"的宗教之意不可言喻。

5.4.4 吉祥思想

自古以来，劳动人民对植物有着朴素的感情，并为其赋予了许多吉祥美好的寓意。明代园记中也体现了植物的吉祥思想，如被称为"玉堂春富贵"的玉兰、海棠、迎春、牡丹和桂花。景名中多有以之为题者，如归田园居中以玉兰为景的"饲兰馆"、乐志园中以海棠为景的"寄傲轩"和以牡丹为景的"牡丹台"。长寿也是人民的朴素追求，明代园记的景名中有不少象征长寿的植物，如松与灵芝的组合，常有以灵芝为名者，如《吕介孺翁斗园记》中的"芝池"和"芝亭"，其中的"芝池"便是以灵芝的形象而建。也有以松为景以芝为名者，如《越中园亭记》中孤松兀立的"筠芝亭"；还有《季园记》中松下产芝的"芝台"。此外，一些植物还有神仙意象，如被称为花中神仙的海棠，以及因树干带鳞而常被赋予"龙"之意的松，这种意象的应用也体现于园林中，如《奕园记》中以海棠为景的"花仙亭"，《弇山园记》中以白皮松为主景的"九龙岭"。

5.5 多设植物景名

明代园记中以植物为景名者众多，所涉及的植物种类也多有着丰富的寓意，这些景名皆源自经久流传的传统文化，有着浓厚的思想内核。下文整理了142篇园记，其中有59篇含与植物相关的景名，园记中共记录约242处以植物命名的景名。主要通过植物种类、与植物相关的历史典故、植物别称、植物文化和植物特点五个方面为景点取名（表5.2）。

直接以植物种类命名的约有143处，多与其他造园要素相结合来命名，如柏台、松窗、柳径、牡丹台等。

以历史典故为名者较多，有55处，其出处多来源于与植物相关的历史典籍、诗词歌赋、宗教典籍等，如"太乙叶"一名便来自道教典籍《道藏本搜神记》卷一·太乙，与道教的神仙相关；"谡谡轩"则是出自刘义庆的《世说新语·赏誉》中的："世目李元礼：'谡谡如劲松下风'"，描述长松挺拔有力之形。

以植物别称为名者有19处，常以梅为香雪，以菊为晚香，以竹为林於、孚尹、琅玕等。明代园记中的记载如《遗善堂名物记》中的"天香室"，取牡丹的"天香"之名；《小百万湖记》中的"筼筜谷"，取竹的"筼筜"别称；《游勺园记》中的"林於澨"，取竹的"林於"别称；《弇山园记》中的"香雪径"，取梅的"香雪"别称。

以植物文化为名者有13处，如以岁寒三友形象示人的松、竹、梅，以君子形象示人的竹、莲等。明代园记中的记载如《弇山园记》中的"楚颂"取柑橘的隐士形象；《离薋园记》中的"壶隐亭"取梅的隐士之意；《奕园记》中的"寄谑堂"取芍药的文学形象，即出自《诗经·郑风·溱洧》的"维士与女，伊其相谑，赠之以勺药"。

以植物特点为名者有12处，如注重常绿植物之翠绿的"凝翠亭"，强调蔷薇花繁似锦云的"锦云窝"，以植物香气为名的"惹香径"。

表 5.2 明代园记中与植物相关的景名

景名来源	园记名称	与植物相关的景名
以植物与其他要素结合命名	《且园记》	啸竹亭
	《吕介孺翁斗园记》	芝池、芝亭、俯菘楼、紫芝斋
	《古胜园记》	柏台、柳池
	《城南别业图记》	松窗、柳径
	《慈竹轩记》	慈竹轩
	《绎幕园记》	揽辉台
	《影园自记》	菰芦中
	《乐志园记》	牡丹台、菊圃
	《弇山园记》	含桃坞、芙蓉渚、丛桂亭、环玉亭、荣芝所、嘉树亭、散花峡
	《谐赏园记》	美蕉轩
	《愚公谷乘》	玉荷浸、木香径、霞举阁、桐街、梅峡、晚菘斋
	《且适园记》	菱港、蔬畦、柏亭、桂屏、莲池、竹径
	《王氏拙政园记》	芙蓉隈、柳隈、水花池、听松风处、来禽圃、珍李坂、玫瑰柴、蔷薇径、桃花沜、槐幄、槐雨亭、芭蕉槛、竹涧
	《许秘书园记》	莲沼
	《归园田居记》	芙蓉榭、桃花渡、红梅坐、竹香廊、紫藤坞、杨梅隩、竹邮、饲兰馆、杏花涧
	《冶麓园记》	嘉莲池
	《小昆山读书处记》	槿垣、蕉室、红菱渡、杨柳桥
	《离薋园记》	芙蓉沼
	《日涉园记》	桃花洞
	《归有园记》	梅花舫
	《横山草堂记》	竹浪居、巢松阁
	《自记淳朴园状》	芙蓉溪、松风岭、梅月峤、竹雪坡、茶烟谷、饭蔬亭、藕花湾、萝壁、柳塘

景名来源	园记名称	与植物相关的景名
	《亦园记》	梅花场、梅花山阁
	《越中园亭记》	梅花屋、竹坞、桐风馆、一柏园、柳淑、修竹庐、柳城
	《寓山注》	茶坞、松径、樱桃林、芙蓉渡、柳陌、梅花书屋
	《竹深亭记》	竹深亭
	《毗山别业记》	荇湖、蕉吧吧、莲叶渡、竹林、樱桃坞、梅雪苑、茶屿、紫茸、松寮、漪兰、菊柴、榴墅
	《两垞记略》	杨梅圏围、荷馆、水竹居、玉兰亭、竹亭
	《竹泉山房后记》	竹泉山房
	《奕园记》	兰生室、引新送爽
	《季园记》	莲宇池、芝台
	《苏园记》	葵圃
	《遂园记》	菊渚
	《小百万湖记》	荻港、养苏庵、眠莎亭、桂屿堂、枕蕙庵、藕花泾、菖蒲汀、箟筜谷、菡苕城
	《春浮园记》	金粟堂、芙蓉池
	《北园记》	青桂亭、抚松台、松关、云根亭
	《箟筜谷记》	梅花廊、橘乐亭
	《金粟园记》	金粟园
	《楮亭记》	楮亭
	《梅雪斋记》	梅雪斋
	《双松书屋记》	双松书屋
	《月河梵苑记》	槐室、竹坞、观澜处、梅屋、兰室
	《玉女潭山居记》	梅竹隩
以历史典故为名	《游勺园记》	太乙叶
	《吕介孺翁斗园记》	谖谖轩
	《城南别业图记》	兰畹、蕙亩
	《枹罕园记》	莫景亭、杏园、梨花院落、柳絮池塘
	《绛幕园记》	兰亭、岁寒亭

景名来源	园记名称	与植物相关的景名
	《影园自记》	小山招隐
	《弇山园记》	楚颂、琼瑶坞
	《谐赏园记》	静寄轩
	《寄畅园记》	含贞斋
	《愚公谷乘》	在阿、柏子林、椒庭
	《且适园记》	楚颂亭
	《王氏拙政园记》	待霜亭、湘筠坞、瑶圃
	《许秘书园记》	杞菊斋
	《归园田居记》	小山之幽、奉橘亭
	《陶庵梦忆记范长白园》	桃源、小兰亭
	《小昆山读书处记》	湘玉堂
	《离薋园记》	壶隐亭
	《徐氏园亭图记》	青莲座
	《归有园记》	松风崖
	《自记淳朴园状》	杞菊阁、太华莲
	《越中园亭记》	五云梅舍、听松轩、杞菊堂、筼芝亭
	《寓山注》	蘜圃、梅坡、即花舍
	《两垞记略》	婴巢
	《奕园记》	香粟区、寄谑堂、洗妆楼、四璇亭
	《素园记》	闲间室
	《季园记》	怀橘堂、露葵斋
	《荪园记》	草堂、丽桂斋
	《春浮园记》	浮山
	《西园菊隐记》	菊隐园
	《兰隐亭记》	兰隐亭
	《篔筜谷记》	襟华林
	《菊隐轩记》	菊隐轩
	《玉女潭山居记》	璃树湍
以植物别称为名	《游勺园记》	林於澨
	《古胜园记》	晚香圃
	《弇山园记》	香雪径、金粟岭、九龙岭
	《集贤圃记》	寒香斋

续表

景名来源	园记名称	与植物相关的景名
	《求志园记》	香雪廊
	《徐氏园亭图记》	天香亭
	《日涉园记》	香雪岭
	《归有园记》	金粟屏
	《两垞记略》	小云梢、玉厂
	《遗善堂名物记》	天香室
	《奕园记》	孚尹楼
	《素园记》	香雪阁
	《春浮园记》	婵娟径
	《北园记》	香雪林
	《筼筜谷记》	箨龙堂
	《玉女潭山居记》	琅玕所
以植物文化为名	《两君子亭记》	两君子亭
	《枹罕园记》	岁寒亭
	《后知轩记》	后知轩
	《弇山园记》	此君亭
	《愚公谷乘》	菩提场、韵含屋
	《王氏拙政园记》	志清处
	《离薋园记》	晞发亭
	《学园记》	君子亭
	《奕园记》	花仙亭、清友亭、泽芝槛
	《友清书院记》	友清书院
以植物特点为名	《古胜园记》	凝翠亭
	《绎幕园记》	锦云窝
	《乐志园记》	听涛亭
	《弇山园记》	惹香径
	《愚公谷乘》	蝶幕檐
	《王氏拙政园记》	净深亭
	《归园田居记》	清泠渊
	《日涉园记》	蒸霞径
	《遗善堂名物记》	绿净轩、碧寒亭
	《奕园记》	玉脂堂
	《北园记》	绿云坞

景名来源		园记名称	与植物相关的景名
合计	——	59篇	242处

242处景名中所提到的植物种类共有65种（类），其中出现次数达2次的有32种，以竹、梅、松、莲、桂、柳、菊、桃等居多（图5.6、图5.7）。

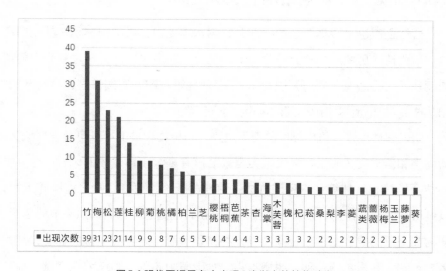

图5.6 明代园记景名中出现2次以上的植物种类

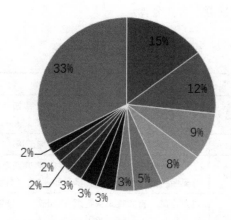

图5.7 明代园记景名中出现5次以上的植物种类占比

5.6 体悟互动之乐

造园为享园居之乐，明代园记中记有园居者在园林中多样化的活动。园林景观除了满足了园居者的视觉享受以外，明代园记中还多记有关于人对自然的听觉和嗅觉以及与植物之间的互动，使人真正体会游园、居园之乐趣。

5.6.1 听觉——林籁结响，调如竽瑟

自然之声也是园林营造的一部分，树木本无声，风动则林动，林生则鸟鸣。清代诗人厉鹗一句"万籁生山，一星在水"道出山间万籁之声。南朝梁刘勰在《文心雕龙·原道》中写道："至於林籁结响，调如竽瑟；泉石激韵，和若球鍠"，也道尽了山林间的风声、水石声等。

明代园林也爱写仿山林间的万籁之声，与植物相关的声景可分为气象类、动物类和活动类（表5.3）。气象类声景的声音来源于自然界的风、雨等，主要结合松林和竹林等，有风过竹林之琼琤落玉声，雨打竹叶之清脆碎玉声，风过松林的谡谡涛声，松竹之声悦耳，借松竹的寓意也颇具高风亮节的色彩。动物类声景的声音来源于林间鸣鸟，种柳引黄鹂，如影园中柳树林立，其间多有黄鹂，歌声不绝；种果树栖鸟雀，弇山园中还以鸟鸣声为观赏点，称其为"清音栅"，动物之声为城市山林更添自然之色，也以鸟鸣衬静景，更显幽静之境。活动类声景的声音来源于园林中人的活动，如下棋、修禅等，此类皆为修身养性的行为，符合绝大多数明人造园之因，松间传来的棋声与竹林间传来的梵声，使园景更带有几分禅意。

表 5.3 明代园记中的声景类型

声景类型	园记名称	声景描述	声景主题
气象类	《筼筜谷记》	竹为清士所爱，然未有植之几数万个，如予竹之多者。予耳常聆其声……	风过竹林
	《归有园记》	其后列修竹千竿，昼夜作球玉声。	风过竹林
	《奕园记》	竹千个，作球琳琅玕色，风至，其声亦如之。楼故无名，余名之曰孚尹。孚尹即浮筠，竹色也。	风过竹林
	《两君子亭记》	其声宜风，有如鸣泉；宜雨，有如碎玉；宜雪，有如洒珠。	风过竹林、雨打竹林

声景类型	园记名称	声景描述	声景主题
	《游练川云间松陵诸园记》	修竹当庭，雨声纵琤，谈诗飞白，不辨客主。	雨打竹林
	《挹爽轩记》	昔人诗所谓荷风送香气，竹露滴清声，吾亭实有之。	雨滴竹叶
	《且园记》	深夜树勤，辄悬一灯，遥望隔庭，修竹千竿，时作潇湘雨声……	雨打潇湘
	《三洲记》	吾尝以夏日登楼，风雨骤至，空濛奔涌，河水喷沫，与风雨相乱，松枝户舞，如老虬巨蛟，挟雷声上下。	风雨松间
	《城南别业记》	日松窗者，以延大夫，烈风披之，琴瑟成韵，如涧壑也。	风过松林
	《娄东园林志·学园》	又东，出梦隐楼之后，长松数植，风至冷然有声，曰听松风处。	风过松林
	《游勺园记》	是日午后再雨，同西臣饭太乙叶中，听莲叶上溅珠声，快甚，遂信笔为记。	雨打莲叶
动物类	《游勺园记》	又皆莲花水上皆荫以柳线，黄鹂声未曙来枕上，迄夕不停歌，何尝改江南韵语耶？	柳中鹂声
	《城南别业记》	日闻莺馆者，花柳之所荟蔚，春旭朝霭，鸣声喈喈，如歌管也。	花柳鸟鸣
	《影园自记》	鹂性近柳，柳多而鹂喜，歌声不绝，故听鹂者往焉。	柳中鹂声
	《弇山园记》	高坦之左方，以步武计，杂植榆、柳、枇杷数株，藩之以栖雀。始有馈余此禽者，后先六头，每交吭群喉，声彻云表，以鲜食裁之，留其二，名之曰：清音栅，静夜所时得也。	林间鸟鸣
		花事稍阑，浓绿继美，往往停桡柳荫筱丛，以取凉适，黄鸟弄声，嗜嗜可爱。	林间鸟鸣
	《耕学斋图记》	相与游于后圃竹树间，卉木阴翳，鸣声上下，真足畅叙幽情。	林间鸟鸣
活动类	《春浮园记》	兼以夏之日，冬之夜，阖扉昼酣，棋声松间，月明林下，美人忽来，虽喧凄颇异，而为欢略同。	松间棋声
	《归园田居记》	梅之外有竹，竹邻僧庐，旦暮梵声从竹中来。	竹间梵声

5.6.2 嗅觉——花香袭鼻，香韵悠然

明人爱植带香味的植物，卢象升于《湄隐园记》中便谈及自己对花香植物的喜好："兰、桂、蜡梅、茉莉，有激烈之香，吾欣其不柔媚而臭味佳"。

园林建设中还以香味营景，多篇明代园记中有以"香"为名的景点（表5.4）。香味景观的营造多以花香为主，或杂莳各类花木，各种花香交杂以成众香国，又或是以一种香气为主，淡雅如池中荷香、庭中兰香和梅香，浓烈如被称为"天香"的桂香，还有借园外稻田中的稻香。此类景观除荷外，多植花香植物于径、于庭或于山间，多为较为封闭的空间，便于汇集气味，荷虽植于池中，但池上开阔多带微风，暖风送来荷香，而行于园中，自然之息扑鼻而来，虽不在山林又胜在山林，既有山居之意又有归隐之感，令人心旷神怡。此外，古人多以香花香草象征高尚品德，故香景还带有明志之意蕴，香韵悠远，故可见香景于园中不可无。

表 5.4 明代园记中的香景类型

香景类型	园记名称	香景描述
花香	《赐游西苑记》	殿之基与境平，古松数株高参天，众皆仰视，时则晴云翳空，炎光不流，暖风徐来，花香袭人。
	《古胜园记》	冬时花开，香霏霏袭人，鸣琴对酒，理咏临池，无不适者。
	《弇山园记》	两岸皆松、竹、桃、梅、棠、桂，下多香草袭鼻。
	《离薋园记》	入门而香发，则杂荼蘼、玫瑰屏焉。
	《露香园记》	香气苾芬，日留枢户间。
荷香	《绎幕园记》	当芙蕖菡萏时，芳润袭人，不殊天香桂子。
	《湄隐园记》	叠石为岛屿，峙乎中流，荷香酽时。
	《熙园记》	而下则华沼一曲，荷香十里，不减太液池头。
	《春浮园记》	清露晨流，荷香细细。
桂香	《徐氏园亭图记》	逾梁有小亭，命之曰天香，桂丛在焉。
	《皆园记》	有桂数株，皆合抱，梅数本如之。花之日，香数里。
	《金粟园记》	前有桂一株，虬龙矫矫，上干云霄，每开，香闻数里。
	《兰墅记》	古桂山茶……花时载酒其下，色香可供眼鼻二观。
兰香	《兰墅记》	而兰独缤纷，每条风时至，香闻数里。
	《锦溪小墅记》	园之东西为二亭，其一幽兰白芷香袭巾朴，故扁曰洒香。
梅香	《春浮园记》	冲寒梅放，香闻十里者，浮山也。
	《西佘山居记》	窗外有古梅修竹，更有睡香，氤氲酷烈。
梨香	《横山草堂记》	庵前梨树一株……娇香冷艳，潇洒风前也。
稻香	《归园田居记》	为秝香楼，楼可四望，每当夏秋之交，家田种秫。
	《雅园记》	粳稻糯秫，上风吹之，五里闻香。

明代园记中的植物应用

5.6.3 明代园记中人与植物的互动

明代园记作者记录了多样的园居生活，《寄畅园记》中便写了园主人秦舜峰解官后居于园、游于园的生活："日涉其中，婆娑泉石，啸傲烟霞，弃轩冕，卧松云，趣园丁抱瓮，童子治棋局酒枪而已，其得于园者，不已侈乎"，园主人于其间观泉石、卧游山水、设棋局和酒局，不亦乐乎。居于园中，除了游于山水之间外，园主人也喜欢于林地之间享受园居之乐，主要分为游园之乐、灌园之乐、采摘之乐和诗酒唱和之乐。

（1）游园之乐

游园之乐是园林中最主要的园居乐趣。植物与山石、水体结合成悠然的山林，山径回环，引导游人探索于密林之间。《游溧阳彭氏园记》中提到的："余始异之，姑逐导者穿竹西行，度一桥，望其下，即向所入门也。嗣是，回环历乱，不可穷诘。或入松林，或下竹岗，毛立棋布，尽如真山。或树杪见水，划然游空；或径穷转磴，倏然别构"，松林与竹岗密布，游人随山径穿梭，体悟山穷水尽处的反转之趣。游于以植物景观为主的林地中，游人常能更深刻地体悟到四时的变化。《寓山注》中游"踏春堤"以观春景："春来，士女联袂踏歌，屐痕轻印青苔，香汗微醺花气"；游"柳陌"以观落花："堤旁间植桃、柳，每至春日，落英缤纷。微飔偶遇，红雨满游人衣裾"。还能体会到林地的幽静荫庇，如《耕学斋图记》中的："相与游于后圃竹树间，卉木阴翳，鸣声上下，真足畅叙幽情"。

（2）灌园之乐

植物的种植和繁茂离不开园主人的养护和培育。许多园记作者在文中提及自己的管养之好，即莳花弄草，耕稼于园。《且适园记》中便记录了园主人的种植植物之乐："乃购屋买田，且耕且读。既又辟其后为园，杂莳花木，以为观游之所"；《王氏拙政园记》中的园主人也十分享受种树灌园之乐："所谓筑室种树，灌园鬻蔬，逍遥自得，享闲居之乐者，二十年于此矣"；《偕老园记》中描绘了园主人的灌园生活："每晨起，一小童汲水，手自灌园。灌已，操一编坐竹下，课童删草培花，及剪竹木之繁者，知有园而已，不问园外事也。"还有一些园记记录了园主人亲手所植的植物，如《许秘书园记》中的"柳"："手植柳皆婀娜纵横"和《瞻竹堂记》中的"竹"："府君性爱竹，尝植竹于庭，翛然有园林之气"。

（3）采摘之乐

明代园记中记有圃地空间，其间植有多样的蔬果等食用植物，园主人常于蔬果成熟期对其进行采摘，既能从中体悟到村居生活，又能饱口腹之欲。《快园记》中便记有摘竹笋和橘子的乐趣："春时煮箨龙以解馋，培木奴以佐绢，相时度地，井井有条"；《寓山注》中也记有于"抱瓮小憩"处摘蔬啖果之乐："主人亦时于此摘蔬啖果实，倚徙听啼鸟声，大有村家况味"。蔬果的采摘还多与园主人招待朋友相联系，既有收获之喜也有相聚之乐，如《湄隐园记》中的"胜日偶逢，良朋适至，汲清溪以茗，采园果而开樽"，《西墅小隐记》中的："场圃有桃李桑竹橘杏桂茗樱桃杨梅石榴枇杷，可以供祭养宾客之务"。

（4）诗酒唱和之乐

明代园主多爱于园中美景灿然之时与宾客宴饮，进行诗酒唱和的活动。《游郑氏园记》中写了宾客于花香草色间饮酒畅谈的场景："四面推窗，花香草色杂集巾裾，诸君次第奉卮酒为封君寿，欢笑酬酢，礼意和洽，歌声清激"；《游溧阳彭氏园记》中描述了宾客于松荫竹色中小酌："然松荫竹色蔽亏荫映，冈前后皆水，水气入亭，觉意界俱凉矣。思善顾谓侍童以杯来小饮"；《太仓诸园小记》中记录了杜家桥园春来载酒的游客："杜家桥园，子孙时肄业其中，春时亦有载酒游者"；《西佘山居记》中的宾客不仅饮酒其间，还佐以琴声、歌声："客至，出以侑酒，兼佐以箫管弦索，花影杯前，松风杖底，红牙隽舌，歌声入云"；《借园记》中的园主人与宾客于花下饮酒吟诗酬歌："至于香风微来，红雨狼藉，锦鳞数千头，噞波鼓鬣，与荇绣花板，离徙上下，居士坐拥花城，其与游观者，率骚人韵客及茶魔酒士，花开酬以壶觞，花谢予以诗句"。美好园景与惬意的诗酒唱和活动十分融洽，好景配好酒对好诗，其乐无间。

参考文献

[1] 张浪. 当代使命, 中国传统园林研究 [J]. 园林, 2019 (12): 1.

[2] （明）王世贞. 弇州四部稿·续稿: 游金陵诸园记 [M]. 清文渊阁《四库全书》本.

[3] 陈从周. 中国诗文与中国园林艺术 [J]. 扬州师院学报（社会科学版）, 1985 (03): 41-42.

[4] 夏咸淳, 曹林娣. 中国园林美学思想史－明代卷 [M]. 上海: 同济大学出版社, 2015.

[5] 陈从周. 《说园》[M]. 济南: 山东画报出版社、同济大学出版社, 2002.

[6] （宋）朱熹集. 诗集传 [M]. 上海: 上海古籍出版社, 1980.

[7] 郭沫若译. 离骚今译 [M]. 北京: 人民文学出版社, 1958.

[8] 黄雯, 郭风平, 葛文琴. 我国古代花木文献要述 [J]. 西北林学院学报, 2003 (02): 116-120.

[9] （晋）嵇含著, 兰心仪译, 杨盈盈绘. 伟大的植物: 南方草木状 [M]. 北京: 中国画报出版社, 2020.

[10] （北魏）贾思勰. 齐民要术 [M]. 北京: 中华书局, 2015.

[11] （唐）李德裕著, 傅璇琮, 周建国编. 李德裕文集校笺 [M]. 石家庄: 河北教育出版社, 2019.

[12] （唐）段成式著, 张仲裁译. 酉阳杂俎 [M]. 北京: 中华书局, 2017.

[13] （宋）邵伯温著, 李剑雄, 刘德权点校. 洛阳名园记 [M]. 北京: 中华书局, 1983.

[14] （宋）欧阳修等, 顾宏义, 王云编. 洛阳牡丹记 [M]. 上海: 上海书店出版社, 2017.

[15] 鲁晨海. 《中国历代园林图文精选（第五辑）》[M]. 上海: 同济大学出版社, 2006: 2.

[16] （明）张凤翼. 乐志园记 [M]. 《中国地方志集成》本.

[17] （明）文徵明. 王氏拙政园记, 收自《吴县志》[M]. 上海: 上海古籍出版社, 1991.

[18] （明）唐汝询. 编蓬后集: 偕老园记, 收自《四库全书存目丛书·集部》[M]. 济南: 齐鲁书社, 1997.

[19] 陈植, 张公弛. 中国历代名园记选注 [M]. 合肥: 安徽科学技术出版社, 1983.

[20] 赵厚均, 陈从周, 蒋启霆. 园综 [M]. 上海: 同济大学出版社, 2007.

[21] 赵雪倩. 中国历代园林图文精选（第一辑）[M]. 上海: 同济大学出版社, 2005.

[22] 翁经方, 翁经馥. 中国历代园林图文精选（第二辑）[M]. 上海: 同济大学出版

社，2005.

[23] 赵厚均，杨鉴生，刘伟.中国历代园林图文精选（第三辑）[M].上海：同济大学出版社，2005.

[24] 杨光辉.中国历代园林图文精选（第四辑）[M].上海：同济大学出版社，2005.

[25] （明）吴讷.文章辨体序说[M].北京：人民文学出版社，1962.

[26] 肖献军.论元结在序体文上的成就与贡献[J].湖湘论坛，2019，32(03)：119-127.

[27] （明）陈继儒.园史序，收自《晚明二十家小品》[M].上海：上海人民出版社.

[28] （明）王思任.记修苍浦园序[M].收自《古今图书集成·方舆汇编·职方典》.

[29] 高银，高翅.《园综》清代园记的清代园林评论要素研究[C].中国风景园林学会2017年会，西安，2017.

[30] （宋）司马光.独乐园记，收自《全宋文》[M].上海：上海辞书出版社，2006.

[31] （明）王世贞.弇州四部稿·续稿：弇山园记[M].文渊阁《四库全书》本.

[32] （清）申涵光著，邓子平，李世琦校.聪山诗文集：岵园记[M].石家庄：河北人民出版社，2011.

[33] （明）刘基.诚意伯文集（外三种）：苦斋记[M].上海：上海古籍出版社，1991.

[34] 周维权.《中国古典园林史·序言》（第三版）[M].北京：清华大学出版社，2008.

[35] 全国科学技术名词审定委员会.建筑学名词第二版[M].北京：科学出版社，2014.

[36] 罗华莉.中国古代公共性园林的历史探析[J].北京林业大学学报（社会科学版），2015，14(02)：8-12.

[37] （唐）白居易.白蘋洲五亭记，收自《全唐文》[M].上海：上海古籍出版社，1996.

[38] （唐）欧阳詹.二公亭记，收自《全唐文》[M].上海：上海古籍出版社，1996.

[39] 赵卫斌.唐代园记和园林散文研究[D].西安：西北大学，2009.

[40] 韦雨涓.中国古典园林文献研究[D].济南：山东大学，2015.

[41] 李小奇.唐宋园林散文研究[D].西安：西北大学，2016

[42] 高培厚.诗文传唱与趣味区隔[D].北京：北京林业大学，2020.

[43] 魏丹.唐代江南地区园林与文学[D].西安：西北大学，2010.

[44] 张鹏.宋代主要园林论述研究[D].北京：北京林业大学，2016.

[45] 朱蒙.明代文人园林研究[D].济南：山东大学，2016.

[46] 康琦.基于园记文献的两宋私家园林造园风格及其流变研究[D].北京：北京林业大学，2019.

[47] 张瑶.《洛阳名园记》中的园林研究[D].天津：天津大学，2014.

[48] 王珂. 《吴兴园林记》研究 [D]. 苏州：苏州大学，2018.

[49] 沈超然. 《越中园亭记》与晚明绍兴园林研究 [D]. 北京：北京林业大学，2019.

[50] 鲁安东. 解析避居山水：文徵明1533年《拙政园图册》空间研究 [J]. 建筑文化研究，2011(00)：269-324.

[51] 王相子. 历代园记中的古园复原研究 [D]. 天津：天津大学，2012.

[52] 林源，冯珊珊. 苏州艺圃营建考 [J]. 中国园林，2013，29(05)：115-119.

[53] 王笑竹. 明代江南名园王世贞弇山园研究 [D]. 北京：清华大学，2014.

[54] 赵晓峰，孟怡然. 清代浙江海盐张氏涉园平面复原研究 [J]. 中国园林，2018，34(11)：125-130.

[55] 邱雯婉，鲍沁星. 明末太仓学山园示意平面复原探析 [J]. 建筑史，2019(01)：153-166.

[56] 尚玥. 明代园记中江南地区的水景研究 [D]. 北京：北京林业大学，2015.

[57] 李牧歌. 因水势盛微而成胜：明代玉女潭山居中的水景分析 [J]. 建筑与文化，2015(02)：155-156.

[58] 杜春兰，杨黎潇. 以文说园——从中国园记看唐宋园林理水特征 [J]. 建筑与文化，2018(07)：119-121.

[59] 秦柯. 张氏叠山造园管窥——以祁彪佳寓园为例 [J]. 华中建筑，2017，35(12)：18-22.

[60] 李久太. 明代园记中的空间印象分析 [D]. 北京：清华大学，2012.

[61] 李久太. 基于"模组思维"的中国古典园林的创作方法——以《弇山园记》为例 [J]. 城市住宅，2016(03)：72-76.

[62] 马一凡. 扬州影园造园时间考析 [J]. 山东工艺美术学院学报，2017(06)：76-79.

[63] 张钧. 扬州影园建筑复原设计研究 [D]. 扬州：扬州大学，2020.

[64] 杨晓东. 明清民居与文人园林中花文化的比较研究 [D]. 北京：北京林业大学，2011.

[65] 贾星星，张青萍. 消逝的"花屏"——明清园林中的独特造景 [J]. 中国园林，2021，37(04)：133-138.

[66] 魏君帆. 北宋洛阳文人园林营造研究 [D]. 北京：北京林业大学，2017.

[67] 王家奇，张蕊，王欣. 寓园营建活动研究 [J]. 古建园林技术，2021(01)：68-72.

[68] 王鑫宇，姚子刚，朱哲灏. 从《古猗园记》中探寻清代古猗园的造园思想 [J]. 安徽建筑，2021，28(01)：38-40+47.

[69] 魏士衡. 司马光独乐园之乐略析 [J]. 城乡建设，1994(10)：34-35.

[70] 左毅颖. 王世贞与园林 [D]. 天津：天津大学，2014.

[71]杨凝秋.道家思想在明清时期园林文献中的体现[D].长沙：湖南大学，2020.

[72]李天莹.祁彪佳园林美学思想探究[D].苏州：苏州大学，2020.

[73]张鸿超.明代文人园林"适意"思想研究[D].石家庄：河北大学，2021.

[74]冈大路（日）著，常瀛生译.中国宫苑园林史考[M].北京：中国农业出版社，1988.

[75]康格温（新）.《园冶》与时尚：明代文人的园林消费与文化活动[M].桂林：广西师范大学出版社，2018.

[76]朱建宁，卓荻雅.威廉·钱伯斯爵士与邱园[J].风景园林，2019，26(3)：36-41.

[77]段建强，张桦.东来西传：传教士参与圆明园修造研究[J].风景园林，2019，26(3)：31-35.

[78]Maggie Keswick.The Chinese Garden: History, Art and Architecture[M].Cambridge:Harvard University Press, 2003.

[79]Craig Clunas.Fruitful Sites: Garden Culture in Ming Dynasty China[M].Durham: Duke University Press Books, 1996.

[80]乔治.梅泰里（法）.洛阳园林：城市文化的精华[J].衡阳师范学院学报，2007(01)：45-48.

[81]Joanna Handlin Smith.Gardens in Ch'i Piao-chia's Social World: Wealth and Values in Late-Ming Kiangnan[J].The Journal of Asian Studies, 1992(51)：55-81.

[82]肯尼斯.J.哈蒙德（美）.明江南的城市园林——以王世贞的散文为视角[J].衡阳师范学院学报，2007(01)：49-54.

[83]奚如谷（美）.海内外戏剧史家自选集·奚如谷卷[M].郑州：大象出版社，2018.

[84]王有景.历史背景下的明代文学创作研究[M].北京：中国书籍出版社，2018.

[85]孟森.明史讲义[M].北京：民生与建设出版社，2015.

[86]顾凯.明代江南园林研究[M].南京：东南大学出版社，2010.

[87]（清）张廷玉.明史[M].北京：中华书局，1974.

[88]何宗美.明末清初杭州文人结社研究[M].上海：上海三联书店，2016，23.

[89]（明）朱长春.朱太复文集：天游园记，收自《续修四库全书》[M].上海：上海古籍出版社，2006.

[90]（明）谢肇淛.五杂俎[M].上海：上海书店出版社，2015.

[91]（明）王世贞.弇州四部稿·续稿：太仓诸园小记[M].文渊阁《四库全书》本.

[92]（明）李维桢.大沁山房集：隑洲园记，收自《四库全书存目丛书·集部》[M].

明代园记中的植物应用

　　济南：齐鲁书社，1997.

[93]（明）袁宏道著，钱伯城校.袁宏道集笺校：叙小修诗 [M].上海：上海古籍出版
　　社，1981.

[94]（明）汪道昆.太函集：曲水园记，收自《续修四库全书》[M].上海：上海古籍
　　出版社，2006.

[95]（清）笪重光著，吴思雷注.画筌 [M].成都：四川人民出版社，1982.

[96]中国科学院中国植物志编辑委员会.中国植物志 [M].北京：科学出版社，2004.

[97]高明乾.植物古汉名图考 [M].郑州：大象出版社，2006.

[98]夏纬瑛.植物名释札记 [M].北京：中国农业出版社，1990.

[99]潘富俊.诗经植物图鉴 [M].上海：上海书店出版社，2003.

[100]潘富俊.楚辞植物图鉴 [M].上海：上海书店出版社，2003.

[101]王秀梅译.诗经 [M].北京：中华书局，2022.

[102]（明）王象晋著，尚语点校.二如亭群芳谱 [M].昆明：云南美术出版社，2023.

[103]慕平注解.尚书 [M].北京：中华书局，2009.

[104]方韬译注.山海经 [M].北京：中华书局，2011.

[105]（明）顾清.东江家藏集：菊隐轩记 [M].文渊阁《四库全书》本.

[106]（明）陈谟.海桑集：竹间记 [M].文渊阁《四库全书》本.

[107]（明）唐顺之.荆川集：任光禄竹溪记 [M].文渊阁《四库全书》本.

[108]（明）王世贞.弇山四部稿·续稿：澹圃记 [M].文渊阁《四库全书》本.

[109]中华书局编辑部.全唐诗 [M].北京：中华书局，2008.

[110]（明）孙国敉.燕都游览志 [M].《古今图书集成·经济汇编·考工典》.

[111]（明）李维桢.大泌山房集：古胜园记 [M].文渊阁《四库全书》本.

[112]（明）陈继儒.晚香堂集：许秘书园记，收自《四库禁毁书丛刊》[M].北京：
　　北京出版社，1997.

[113]（明）韩雍.襄毅文集：莳溪草堂记 [M].文渊阁《四库全书》本.

[114]（明）苏志皋.寒邨集：枹罕园记，收自《四库全书存目丛书·集部》[M].济南：
　　齐鲁书社，1997.

[115]（明）杨守陈.杨文懿公文集：后乐园记，收自《四库未收书辑刊》[M].北京：
　　北京出版社，2000.

[116]（明）张师绎.月鹿堂集：学园记，收自《四库未收书辑刊》[M].北京：北京
　　出版社，2000.

[117]（明）张岱著，苗怀明译.陶庵梦忆 [M].北京：中华书局，2023.

[118]（明）李维桢.大沁山房集：奕园记，收自《四库全书存目丛书·集部》[M].济南：齐鲁书社，1997.

[119]（明）袁中道著，钱伯城点校.珂雪斋前集：楮亭记[M].上海：上海古籍出版社，2007.

[120]（明）刘侗，于奕正，周损.帝京景物略[M].上海：上海古籍出版社，2001.

[121]（明）卢象升.湄隐园记，收自《忠肃集》[M].北京：中华书局，2002.

[122]（明）徐有贞.西湖草堂记[M].文渊阁《四库全书》本.

[123]（西周）周公著，徐正英，常佩雨译.周礼[M].北京：中华书局，2023.

[124]（东汉）许慎著，（清）段玉裁注.说文解字注[M].上海：上海古籍出版社，1988.

[125]（明）李维桢.大沁山房集：雅园记[M].文渊阁《四库全书》本

[126]（明）王世贞.弇山四部稿·续稿：澹圃记[M].文渊阁《四库全书》本.

[127]（明）王行.半轩集：何氏园林记[M].文渊阁《四库全书》本.

[128]（明）吴廷翰著，容肇祖点校.吴廷翰集：小百万湖记[M].北京：中华书局，1984.

[129]（明）王世贞.弇山四部稿·续稿：先伯父静庵公山园记[M].文渊阁《四库全书》本.

[130]（明）计成著，倪泰一译.园冶（手绘彩图修订版）[M].重庆：重庆出版社，2017.

[131]（明）郑元勋著，姜鹏注.媚幽阁文娱：游勺园记[M].北京：故宫出版社，2019.

[132]（明）王心一.兰雪堂集：归田园居记，收自《四库禁毁书丛刊》[M].北京：北京出版社，1997.

[133]（明）吴文奎.荪堂集：荪园记[M].清文渊阁《四库全书》本.

[134]（明）方孝孺.逊志斋集：慈竹轩记[M].文渊阁《四库全书》本.

[135]（明）王世贞.弇山四部稿·续稿：小昆山读书处记[M].文渊阁《四库全书》本.

[136]（明）吴宽著，王海男译.匏翁家藏集：瞻竹堂记[M].天津：天津古籍出版社，2021.

[137]（明）文震亨.长物志[M].苏州：古吴轩出版社，2021.

[138]（明）邹迪光.石语斋集：愚公谷乘[M].清文渊阁《四库全书》本.

[139]（明）祁彪佳.祁忠惠公遗集：寓山注，收自《园综》[M].上海：同济大学出版社，2007：421-435.

[140]（明）郑元勋.影园瑶华集：影园自记[M].清乾隆二十年刻本.

[141]（西汉）刘向编，林家骊注.楚辞[M].北京：中华书局，2015.

[142]（明）焦竑.澹园续集：冶麓园记[M].北京：中华书局，1999.

[143]（元）脱脱.宋史[M].北京：中华书局，1985.

[144]（明）施绍莘.秋水庵花影集：西佘山居记，收自《四库全书存目丛书·集部》

[M].济南：齐鲁书社，1997.

[145]（明）黄汝亨.借园记，收自《园综》[M].上海：同济大学出版社，2007：377-378.

[146]（明）沈祐.自记淳朴园状，收自《园综》[M].上海：同济大学出版社，2007：374-375.

[147]（明）陈继儒.岩栖幽事[M].文渊阁《四库全书》本.

[148]（明）王世懋.学圃杂疏[M].文渊阁《四库全书》本.

[149]（明）周瑛.翠渠摘稿：西园记[M].文渊阁《四库全书》本.

[150]（明）章闇.且园记[M].《古今图书集成·经济汇编·考工典》.

[151]张兰.山水画与中国古典园林植物配置关系之探讨[D].杭州：浙江大学，2004.

[152]（明）王稚登.寄畅园记，收自《园综》[M].上海：同济大学出版社，2007：174-176.

[153]（明）顾大典.谐赏园记，收自《园综》[M].上海：同济大学出版社，2007：153-155.

[154]（明）袁中道.珂雪斋近集：金粟园记[M].上海：上海书店，1982.

[155]（明）王世贞.弇山四部稿·续稿：日涉园记[M].文渊阁《四库全书》本.

[156]（明）冯梦桢.快雪堂集：结庐孤山记[M].文渊阁《四库全书》本.

[157]（明）杨锡亿.三洲记，收自《中国历代园林图文精选（第三辑）》[M].上海：同济大学出版社，2005：346-345.

[158]（明）江元祚.横山草堂记，收自《园综》[M].上海：同济大学出版社，2007：328-330.

[159]（明）丁元荐.尊拙堂文集：泷园记[M].文渊阁《四库全书》本.

[160]（明）佚名.娄东园林志[M].《古今图书集成·经济汇编·考工典》.

[161]（明）高濂.遵生八笺[M].兰州：甘肃文化出版社，2004.

[162]（明）李若讷.四品稿：吕介孺翁斗园记，收自《四库禁毁书丛刊》[M].北京：北京出版社，1997.

[163]（明）王鏊.从适园记，收自《园综》[M].上海：同济大学出版社，2007：223.

[164]（明）徐学谟.徐氏海隅集：归有园记，收自《四库全书存目丛书·集部》[M].济南：齐鲁书社，1997.

[165]（明）汪道昆.太函集：季园记，收自《续修四库全书》[M].上海：上海古籍出版社，2006.

[166]（明）于慎行.谷城山馆文集：城南别业图记，收自《四库全书存目丛书·集部》

[M]. 济南：齐鲁书社，1997.

[167]（明）吴国伦.甀甀洞稿：北园记，收自《续修四库全书》[M]. 上海：上海古籍出版社，2006.

[168]（明）黄汝亨.寓林集：绎幕园记，收自《续修四库全书》[M]. 上海：上海古籍出版社，2006.

[169]（明）张宝臣.熙园记[M].《古今图书集成·经济汇编·考工典》

[170]（明）陈宗之.集贤圃记，收自《园综》[M]. 上海：同济大学出版社，2007：239-240.

[171]（明）朱察卿.露香园记[M].收自《古今图书集成·方舆汇编·职方典》.

[172]（明）王世懋.王奉常集：游溧阳彭氏园记，收自《四库全书存目丛书·集部》[M]. 济南：齐鲁书社，1997.

[173]（明）马世俊.晓园记，收自《中国历代园林图文精选（第三辑）》[M]. 上海：同济大学出版社，2005：345-346.

[174]（明）王世贞.弇山四部稿·续稿：求志园记[M]. 清文渊阁《四库全书》本.

[175]（明）汪道昆.太函集：遂园记，收自《续修四库全书》[M]. 上海：上海古籍出版社，2006.

[176]（明）李维桢.大泌山房集：毗山别业记，收自《四库全书存目丛书·集部》[M]. 济南：齐鲁书社，1997.

[177]（明）袁中道.珂雪斋前集：筼筜谷记，收自《续修四库全书》[M]. 上海：上海古籍出版社，2006.

[178]（明）方凤.改亭存稿：游郑氏园记，收自《续修四库全书》[M]. 上海：上海古籍出版社，2006.

[179]（明）宋仪望.华阳馆文集：南园书屋记，收自《四库全书存目丛书·集部》[M]. 济南：齐鲁书社，1997.

[180]（明）张岱著，夏咸淳校.张岱诗文集：快园记[M]. 上海：上海古籍出版社，2014.

[181]（明）汤宾尹.逸圃记，收自《中国历代园林图文精选（第三辑）》[M]. 上海：同济大学出版社，2005：89-90.

[182]（明）萧士玮.春浮园集：春浮园记[M].收自《古今图书集成·方舆汇编·职方典》.

[183]（明）文徵明.甫田集：玉女潭山居记[M]. 文渊阁《四库全书》本.

[184]（明）李开先.李中麓闲居集：后知轩记，收自《四库全书存目丛书·集部》[M]. 济南：齐鲁书社，1997.

[185]（明）黄汝亨.寓林集：玉版居记，收自《续修四库全书》[M]. 上海：上海古

籍出版社，2006.

[186]（明）王世贞.弇州四部稿·续稿：离簪园记[M].文渊阁《四库全书》本.

[187]（明）顾清.东江家藏集：遗善堂名物记[M].文渊阁《四库全书》本.

[188]（明）祁彪佳.越中园亭记，收自《续修四库全书》[M].上海：上海古籍出版社，2006.

[189]（明）杨守陈.杨文懿公文集：后乐园记，收自《四库未收书辑刊》[M].北京：北京出版社，2000.

[190]（唐）王维著，王森然译.山水决山水论[M].北京：人民美术出版社，1959.

[191]（明）袁中道.珂雪斋前集：石首城内山园记，收自《续修四库全书》[M].上海：上海古籍出版社，2006.

[192]（明）屠隆.栖真馆集：戴山文园记，收自《续修四库全书》[M].上海：上海古籍出版社，2006.

[193]（明）张洪.耕学斋图记，收自《苏州历代名园记苏州园林重修记》[M].北京：中国林业出版社，2004.

[194]（明）王稚登.兰墅记，收自《园综》[M].上海：同济大学出版社，2007：157-159.

[195]杨伯峻译.论语译注[M].北京：中华书局，2018.

[196]（明）都穆.听雨纪谈，收自《丛书集成初编》[M].北京：中华书局，1991.

[197]张德建.明代隐逸思想的变迁[J].中国文化研究，2007(03)：19-35.

[198]（宋）周敦颐.周元公集：爱莲说[M].文渊阁《四库全书》本.

[199]（晋）陶潜著，杨义，邵宁宁注.陶渊明诗文选集[M].武汉：长江文艺出版社，2019.

[200]（明）周忱.双崖文集：西园菊隐记，收自《四库未收书辑刊》[M].北京：北京出版社，2000.

[201]（宋）沈括著，诸雨辰译.梦溪笔谈[M].北京：中华书局，2022.

[202]（唐）李延寿.南史[M].北京：中华书局，2023.

[203]（晋）陈寿著，（宋）裴松之注.三国志[M].北京：中华书局，2011.

[204]（明）冯梦龙.智囊全集[M].北京：线装书局，2008.

[205]（明）王思任.名园咏序[M].《古今图书集成·经济汇编·考工典》.

[206]（清）张潮.幽梦影[M].郑州：中州古籍出版社，2008.

[207]（春秋）庄周著，方勇译.庄子[M].北京：中华书局，2022.

[208]（明）王守仁著，李半知校注.居夷集：君子亭记[M].贵阳：贵州人民出版

社，2022.

[209]（明）江盈科.两君子亭记，收自《中国历代园林图文精选（第三辑）》[M].上
海：同济大学出版社，2005：41-42

[210]吴电雷."梅"在唐宋词中地位的升迁[J].广西师范学院学报（哲学社会科学
版），2008(03)：76-78.

[211]（清）永瑢.四库全书总目（卷179）[M].北京：中华书局，2003.

[212]俞香顺.荷花意象和佛道关系的融合[J].内蒙古大学学报（人文社会科学版），
2005(06)：12-16.

[213]（东晋）王嘉著，王兴芬译.拾遗记[M].北京：中华书局，2022.

[214]（南北朝）刘勰著，王志彬译.文心雕龙[M].北京：中华书局，2012.

[215]（明）张宁.方洲集：西塍小隐记[M].文渊阁《四库全书》本.

附录 A 本书中收集的明代园记

序号	园记名称	园记作者	园记出处
1	《游狮子林记》	王彝	出自《<王常宗集>续补遗》,《四库全书本》
2	《何氏园林记》	王行	摘录自《中国历代园林图文精选（第3辑）》,出自《半轩集》卷四,《四库全书本》
3	《慈竹轩记》	方孝孺	出自《逊志斋集》卷十五,《四库全书本》
4	《寿萱堂记》	龚敩	出自《鹅湖集》卷四,《四库全书本》
5	《竹深亭记》	张羽	出自《东城杂记》,《四库全书本》
6	《兰隐亭记》	宋濂	摘录自《中国历代园林图文精选（第3辑）》,出自《文宪集》卷三,《四库全书本》
7	《耕学斋图记》	张洪	摘录自《园综》,出自《吴县志》卷三十九上
8	《西湖草堂记》	徐有贞	出自《武功集》卷二,《四库全书本》
9	《赐游西苑记》	韩雍	出自《襄毅文集》卷九,《四库全书本》
10	《蔚溪草堂记》	韩雍	出自《襄毅文集》卷九,《四库全书本》
11	《友清书院记》	韩雍	出自《襄毅文集》卷九,《四库全书本》
12	《西塍小隐记》	张宁	出自《方洲集》卷十九,《四库全书本》
13	《一笑山雪夜归舟记》	张宁	出自《方洲集》卷十九,《四库全书本》
14	《梅雪记》	张宁	出自《方洲集》卷十九,《四库全书本》
15	《锦溪小墅记》	何乔新	出自《椒邱文集》卷十三,《四库全书本》
16	《双松书屋记》	何乔新	出自《椒邱文集》卷十三,《四库全书本》
17	《西园记》	周瑛	出自《翠渠摘稿》卷三,《四库全书本》
18	《瞻竹堂记》	吴宽	出自《家藏集》卷三十七,《四库全书本》
19	《且适园记》	王鏊	摘录自《园综》,出自《吴县志》卷三十九上
20	《从适园记》	王鏊	摘录自《园综》,出自《吴县志》卷三十九上
21	《南园赋》	祝允明	出自《怀星堂集》卷二,《四库全书本》
22	《南山隐居记》	祝允明	出自《怀星堂集》卷二十八,《四库全书本》
23	《菊隐轩记》	顾清	出自《东江家藏集》卷四,《四库全书本》
24	《遗善堂名物记》	顾清	出自《东江家藏集》卷二十一,《四库全书本》
25	《息园记》	顾璘	摘录自《园综》,出自《古今图书集成·经济汇编·考工典》卷百十九园林部
26	《城南别业图记》	于慎行	摘录自《中国历代园林图文精选（第3辑）》,出自《谷城山馆文集》卷十三,《四库全书存目丛书》
27	《东庄记》	孙承恩	出自《文简集》卷三十二,《四库全书本》
28	《挹爽轩记》	孙承恩	出自《文简集》卷三十二,《四库全书本》
29	《白斋记》	孙承恩	出自《文简集》卷三十二,《四库全书本》

序号	园记名称	园记作者	园记出处
30	《王氏拙政园记》	文徵明	摘录自《园综》，出自《吴县志》卷三十九中
31	《玉女潭山居记》	文徵明	摘录自《园综》，出自《甫田集》卷十九
32	《先伯父静庵公山园记》	王世贞	摘录自《园综》，出自《弇州四部稿》卷七十四
33	《求志园记》	王世贞	摘录自《园综》，出自《弇州四部稿》卷七十五
34	《日涉园记》	王世贞	摘录自《园综》，出自《弇州四部稿》卷七十五
35	《复清容轩记》	王世贞	摘录自《园综》，出自《弇州四部稿》卷七十五
36	《古今名园墅编序》	王世贞	摘录自《中国历代园林图文精选（第3辑）》，出自《弇州四部稿·续稿》卷四十六
37	《弇山园记》	王世贞	摘录自《园综》，出自《弇州四部稿·续稿》卷五十九
38	《太仓诸园小记》	王世贞	摘录自《中国历代园林图文精选（第3辑）》，出自《弇州四部稿·续稿》卷六十
39	《离薋园记》	王世贞	摘录自《中国历代园林图文精选（第3辑）》，出自《弇州四部稿·续稿》卷六十
40	《澹圃记》	王世贞	摘录自《中国历代园林图文精选（第3辑）》，出自《弇州四部稿·续稿》卷六十
41	《小昆山读书处记》	王世贞	摘录自《中国历代园林图文精选（第3辑）》，出自《弇州四部稿·续稿》卷六十二
42	《游练川云间松陵诸园记》	王世贞	摘录自《中国历代园林图文精选（第3辑）》，出自《弇州四部稿·续稿》卷六十三
43	《游金陵诸园记》	王世贞	摘录自《园综》，出自《古今图书集成·经济汇编·考工典》第一百十七卷园林部
44	《娄东园林志》	佚名	摘录自《园综》，出自《古今图书集成·经济汇编·考工典》第一百十八卷园林部
45	《许秘书园记》	陈继儒	摘录自《园综》，出自施蛰存编《晚明二十家小品》
46	《翠影堂记》	徐祯卿	出自《文章辨体汇选》卷五百七十一
47	《酬字堂记》	徐渭	出自《文章辩体汇选》卷五百七十一
48	《日涉园记》	陈所蕴	摘录自《园综》，出自嘉庆《松江府志》
49	《兰墅记》	王稚登	摘录自《园综》，出自《兰墅图》手卷真迹抄录
50	《寄畅园记》	王稚登	摘录自《园综》，出自王稚登手书石刻
51	《拙政园赋》	王宠	出自《吴都文粹续集》卷三十二
52	《后乐园记》	杨守陈	出自《杨文懿公文集》卷二十九，《四库全书本》
53	《月河梵苑记》	程敏政	摘录自《中国历代园林图文精选（第3辑）》，出自《天府广记》卷三十七，《续修四库全书本》

序号	园记名称	园记作者	园记出处
54	《且园记》	章闿	摘录自《中国历代园林图文精选（第3辑）》，出自《古今图书集成·经济汇编·考工典》卷一百二十园林部
55	《天游园记》	朱长春	摘录自《中国历代园林图文精选（第3辑）》，《朱太复文集》卷二十六，《续修四库全书本》
56	《枹罕园记》	苏志皋	摘录自《中国历代园林图文精选（第3辑）》，出自《寒邨集》，《四库全书存目丛书本》
57	《冶麓园记》	焦竑	摘录自《中国历代园林图文精选（第3辑）》，《澹园续集》卷二十一
58	《南园书屋记》	宋仪望	摘录自《中国历代园林图文精选（第3辑）》，《华阳馆文集》卷五，《四库全书存目丛书本》
59	《北园记》	宋仪望	摘录自《中国历代园林图文精选（第3辑）》，《华阳馆文集》卷五，《四库全书存目丛书本》
60	《泷园记》	丁元荐	摘录自《中国历代园林图文精选（第3辑）》，出自《尊拙堂文集》卷十二，《四库全书存目丛书本》
61	《增植苑东树园记》	孔天胤	摘录自《中国历代园林图文精选（第3辑）》，《孔文谷集》卷十
62	《篔簹谷记》	袁中道	摘录自《园综》，出自施蛰存编《晚明二十家小品》
63	《杜园记》	袁中道	摘录自《中国历代园林图文精选（第3辑）》，出自《珂雪斋前集》卷十一，《续修四库全书本》
64	《楮亭记》	袁中道	摘录自《中国历代园林图文精选（第3辑）》，出自《珂雪斋前集》卷十三，《续修四库全书本》
65	《石首城内山园记》	袁中道	摘录自《中国历代园林图文精选（第3辑）》，出自《珂雪斋前集》卷十三，《续修四库全书本》
66	《金粟园记》	袁中道	摘录自《中国历代园林图文精选（第3辑）》，出自《珂雪斋近集》卷一，《四库禁毁书丛刊本》
67	《自得园记》	张绍槃	摘录自《园综》，出自《古今图书集成·方舆汇编·职方典》第一千一百七十卷德安府部
68	《古胜园记》	李维桢	摘录自《中国历代园林图文精选（第3辑）》，出自《大泌山房集》卷五十七，《四库全书存目丛书本》
69	《陶洲园记》	李维桢	摘录自《中国历代园林图文精选（第3辑）》，出自《大泌山房集》卷五十七，《四库全书存目丛书本》
70	《毗山别业记》	李维桢	摘录自《中国历代园林图文精选（第3辑）》，出自《大泌山房集》卷五十七，《四库全书存目丛书本》
71	《奕园记》	李维桢	摘录自《中国历代园林图文精选（第3辑）》，出自《大泌山房集》卷五十七，《四库全书存目丛书本》

序号	园记名称	园记作者	园记出处
72	《雅园记》	李维桢	摘录自《中国历代园林图文精选（第3辑）》，出自《大泌山房集》卷五十七，《四库全书存目丛书本》
73	《素园记》	李维桢	摘录自《中国历代园林图文精选（第3辑）》，出自《大泌山房集》卷五十七，《四库全书存目丛书本》
74	《绎幕园记》	李维桢	摘录自《中国历代园林图文精选（第3辑）》，出自《大泌山房集》卷五十七，《四库全书存目丛书本》
75	《三洲记》	杨锡亿	摘录自《中国历代园林图文精选（第3辑）》，出自《道光安陆县志》卷35
76	《余乐园记》	陈文烛	摘录自《中国历代园林图文精选（第3辑）》，出自《二酉园续集》卷十，《四库全书存目丛书本》
77	《游溧阳彭氏园记》	王世懋	摘录自《中国历代园林图文精选（第3辑）》，出自《王奉常集》卷十一，《四库全书存目丛书本》
78	《春浮园记》	萧士玮	摘录自《园综》，出自《古今图书集成·方舆汇编·职方典》第九百零四卷吉安府部
79	《西园菊隐记》	周忱	摘录自《中国历代园林图文精选（第3辑）》，出自《双崖文集》卷一，《四库未收书辑刊本》
80	《偶园记》	康范生	摘录自《园综》，出自刘大杰《明人小品集》
81	《绎幕园记》	黄汝亨	摘录自《中国历代园林图文精选（第3辑）》，出自《寓林集》卷八，《续修四库全书本》
82	《玉版居记》	黄汝亨	摘录自《中国历代园林图文精选（第3辑）》，出自《寓林集》卷九，《续修四库全书本》
83	《借园记》	黄汝亨	摘录自《园综》，出自《海宁州志稿》卷八·建置志十二·名迹
84	《北园记》	吴国伦	摘录自《中国历代园林图文精选（第3辑）》，出自《甀甀洞稿》卷四十六，《续修四库全书本》
85	《曲水园记》	汪道昆	摘录自《中国历代园林图文精选（第3辑）》，出自《太函集》卷七十二，《续修四库全书本》
86	《季园记》	汪道昆	摘录自《中国历代园林图文精选（第3辑）》，出自《太函集》卷七十四，《续修四库全书本》
87	《遂园记》	汪道昆	摘录自《中国历代园林图文精选（第3辑）》，出自《太函集》卷七十七，《续修四库全书本》
88	《荆园记》	汪道昆	摘录自《中国历代园林图文精选（第3辑）》，出自《太函集》卷七十七，《续修四库全书本》
89	《苏园记》	吴文奎	摘录自《中国历代园林图文精选（第3辑）》，出自《苏堂集》卷七，《四库全书存目丛书本》
90	《适园记》	吴文奎	摘录自《中国历代园林图文精选（第3辑）》，出自《苏堂集》卷七，《四库全书存目丛书本》

序号	园记名称	园记作者	园记出处
91	《小百万湖记》	吴廷翰	摘录自《中国历代园林图文精选（第3辑）》，出自《湖山小稿》（吴廷翰集）卷下
92	《暂园记》	吴应其	摘录自《中国历代园林图文精选（第3辑）》，出自《楼山堂集》卷十八，《续修四库全书本》
93	《竹安园记》	郑二阳	摘录自《中国历代园林图文精选（第3辑）》，出自《益楼集》卷二，《四库未收书辑刊本》
94	《吕介孺翁斗园记》	李若讷	摘录自《中国历代园林图文精选（第3辑）》，出自《四品稿》卷六，《四库禁毁书丛刊本》
95	《后知轩记》	李开先	摘录自《中国历代园林图文精选（第3辑）》，出自《李中麓闲居集》卷十一，《四库全书存目丛书本》
96	《乐志园记》	张凤翼	摘录自《园综》，出自《丹徒县志》
97	《徐氏园亭图记》	张凤翼	摘录自《中国历代园林图文精选（第3辑）》，出自《处实章集》卷六，《四库全书存目丛书本》
98	《逸圃记》	汤宾尹	摘录自《中国历代园林图文精选（第3辑）》，出自《乾隆镇江府志》卷四十六
99	《任光禄竹溪记》	唐顺之	摘录自《中国历代园林图文精选（第3辑）》，出自《荆川集》卷八，《四库全书本》
100	《愚公谷乘》	邹迪光	摘录自《园综》，出自《石语斋集》卷十八，《四库全书存目丛书本》
101	《两君子亭记》	江盈科	摘录自《中国历代园林图文精选（第3辑）》，出自《雪涛阁集》卷七
102	《学园记》	张师绎	摘录自《中国历代园林图文精选（第3辑）》，出自《月鹿堂集》卷七，《四库未收书辑刊本》
103	《归田园居记》	王心一	摘录自《园综》，出自《吴县志》卷三十九中
104	《游东亭园小记》	王永积	摘录自《中国历代园林图文精选（第3辑）》，出自《心远堂遗集》卷八，《四库全书存目丛书本》
105	《郭园记》	刘凤	摘录自《中国历代园林图文精选（第3辑）》，出自《刘子威集》卷四十三，《四库全书存目丛书本》
106	《眺后园赋》	刘凤	出自《历代赋汇》卷八十四
107	《已有园赋》	鲁铎	出自《明文海》卷二十九
108	《逍遥园赋》	穆文熙	出自《历代赋汇》卷八十四
109	《山居赋》	李裕	出自《明文海》卷三十
110	《瀑园赋》	徐𬴊	出自《明文海》卷三十二
111	《影园自记》	郑元勋	摘录自《园综》，出自《影园瑶华集》
112	《游郑氏园记》	方凤	摘录自《中国历代园林图文精选（第3辑）》，出自《改亭存稿》卷三，《续修四库全书本》

序号	园记名称	园记作者	园记出处
113	《集贤圃记》	陈宗之	摘录自《园综》,出自《吴县志》卷三十九上
114	《谐赏园记》	顾大典	摘录自《园综》
115	《豫园记》	潘允瑞	摘录自《园综》
116	《露香园记》	朱察卿	摘录自《园综》,出自嘉庆《松江府志》
117	《熙园记》	张宝臣	摘录自《园综》,出自《古今图书集成·经济汇编·考工典》卷百二十园林部
118	《偕老园记》	唐汝询	摘录自《中国历代园林图文精选(第3辑)》,出自《编蓬后集》卷十二,《四库全书存目丛书本》
119	《西佘山居记》	施绍莘	摘录自《中国历代园林图文精选(第3辑)》,出自《妙香室丛话》卷六
120	《归有园记》	徐学谟	摘录自《中国历代园林图文精选(第3辑)》,出自《徐氏海隅集》卷十,《四库全书存目丛书本》
121	《结庐孤山记》	冯梦桢	摘录自《中国历代园林图文精选(第3辑)》,出自《快雪堂集》卷二十八,《四库全书存目丛书本》
122	《静寄轩记》	冯梦桢	摘录自《中国历代园林图文精选(第3辑)》,出自《快雪堂集》卷二十八,《四库全书存目丛书本》
123	《横山草堂记》	江元祚	摘录自《园综》
124	《苦斋记》	刘基	摘录自《中国历代园林图文精选(第3辑)》,出自《诚意伯文集》卷九
125	《自记淳朴园状》	沈祐	摘录自《园综》,出自《海宁州志稿》卷八·建置志十二·名迹
126	《两坨记略》	许令典	摘录自《中国历代园林图文精选(第3辑)》,出自《海宁州志稿》卷八·建置志十二·名迹
127	《名园咏序》	王思任	摘录自《园综》,出自《古今图书集成·经济汇编·考工典》百二十卷园林部
128	《越中园亭记》	祁彪佳	摘录自《园综》,出自《祁忠惠公遗集》卷八
129	《寓山注》	祁彪佳	摘录自《园综》,出自《祁忠惠公遗集》卷八
130	《戴山文园记》	屠隆	摘录自《中国历代园林图文精选(第3辑)》,出自《栖真馆集》卷二十,《续修四库全书本》
131	《快园记》	张岱	摘录自《中国历代园林图文精选(第3辑)》,出自《琅嬛文集》卷二(张岱诗文集)
132	《陶庵梦忆》	张岱	摘录自《园综》
133	《灌园室记》	茅坤	摘录自《中国历代园林图文精选(第3辑)》,出自《茅鹿门先生文集》卷二十,《续修四库全书本》
134	《皆可园记》	茅坤	摘录自《园综》,出自《浙江通志》卷二百六十二,艺文四

序号	园记名称	园记作者	园记出处
135	《亦园记》	谈迁	摘录自《园综》，出自《海宁州志稿》卷八·建置志十二·名迹
136	《燕都游览志》	孙国敉	摘录自《中国历代园林图文精选（第3辑）》，出自《古今图书集成·经济汇编·考工典》卷一百十八园林部
137	《游勺园记》	孙国敉	摘录自《中国历代园林图文精选（第3辑）》，出自《媚幽阁文娱》
138	《帝京景物略》	刘侗	摘录自《中国历代园林图文精选（第3辑）》，出自《帝京景物略》
139	《湄隐园记》	卢象升	出自《忠肃集》卷二，《四库全书本》
140	《白鹤园自记》	冯皋谟	摘录自《园综》，出自《海盐县志》卷七·舆地考·古迹
141	《春明梦余录》	孙承泽	出自《春明梦余录》
142	《晓园记》	马世俊	摘录自《中国历代园林图文精选（第3辑）》，出自《乾隆镇江府志》卷四十六

附录 B 本书涉及的画作资料

章节	引用画作名称	作者	朝代	藏馆
第三章	《山静日长图》轴	唐寅	明	台北故宫博物院
	《蓊溪草堂十景》册	刘珏	明	私人收藏
	《销闲清课图》卷	孙克弘	明	台北故宫博物院
	《明人十八学士图·琴》轴	佚名	明	台北故宫博物院
	《人物故事图》册	仇英	明	北京故宫博物院
	《临文徵明吉祥庵图》轴	陆师道	明	台北故宫博物院
	《月令图》卷	吴彬	明	台北故宫博物院
	《拙政园三十一景图》册	文徵明	明	纽约大都会博物馆
	《东庄图》册	沈周	明	南京博物院
	《汉宫春晓图》轴	仇英	明	台北故宫博物院
	《事茗图》卷	唐寅	明	北京故宫博物院
	《独乐园图》卷	仇英	明	克利夫兰艺术博物馆
	《拙政园图咏》	文徵明	明	纽约大都会博物馆
	《百美图》卷	仇英	明	台北故宫博物院
	《止园图》册	张宏	明	洛杉矶郡立美术馆 柏林亚洲艺术博物馆
	《西林园图景》册	张复	明	无锡博物院
	《寄畅园五十景图》册	宋懋晋	明	无锡博物院
	《香山九老图》卷	谢环	明	克利夫兰艺术博物馆
	《纪行图》册	钱谷	明	台北故宫博物院
	《洗研图》轴	陈裸	明	台北故宫博物院
	《画丹林翠嶂》轴	陆治	明	台北故宫博物院
	《枫野春雨图》	陈焕	明	私人收藏
	《东园图》卷	文徵明	明	北京故宫博物院
第四章	《惠山茶会图》卷	文徵明	明	北京故宫博物院
	《桃村草堂图》轴	仇英	明	北京故宫博物院
	《兰亭修禊图》卷	文徵明	明	北京故宫博物院
	《开春报喜图》轴	顾正谊	明	台北故宫博物院
	《春泉洗药图》卷	禹之鼎	清	克利夫兰艺术博物馆
	《真赏斋图》卷	文徵明	明	上海博物馆
	《春夜宴桃李园图》轴	吕焕成	清	旅顺博物馆
	《求志园图》卷	钱毂	明	北京故宫博物院

章节	引用画作名称	作者	朝代	藏馆
	《江乡清晓图》轴	禹之鼎	清	旅顺博物馆
	《春山吟赏》轴	仇英	明	台北故宫博物院
	《竹溪花坞图》轴	陈裸	明	台北故宫博物院
第五章	《桃园问津图》卷	文徵明	明	辽宁省博物馆
	《丛桂图》卷	唐寅	明	私人收藏
	《梅石图》轴	陈洪绶	明	北京故宫博物院
	《梅花书屋图》轴	唐寅	明	私人收藏
	《静听松风图》轴	马麟	宋	台北故宫博物院

附录 C 明代园记的植物种类数量

序号	园记名称	作者	植物数量
1	《雅园记》	李维桢	102
2	《越中园亭记》	祁彪佳	65
3	《先伯父静庵公山园记》	王世贞	52
4	《影园自记》	郑元勋	50
5	《游金陵诸园记》	王世贞	49
6	《弇山园记》	王世贞	48
7	《湄隐园记》	卢象升	46
8	《娄东园林志》	佚名	43
9	《南园赋》	祝允明	40
10	《陶庵梦忆》	张岱	40
11	《隩洲园记》	李维桢	34
12	《帝京景物略》	刘侗	32
13	《苏园记》	吴文奎	30
14	《寓山注》	祁彪佳	30
15	《学圃记》	张师绎	28
16	《蔚溪草堂记》	韩雍	26
17	《遂园记》	汪道昆	26
18	《归园田居记》	王心一	25
19	《山居赋》	李裕	25
20	《快园记》	张岱	23
21	《奕园记》	李维桢	21
22	《愚公谷乘》	邹迪光	21
23	《澹圃记》	王世贞	19
24	《泷园记》	丁元荐	19
25	《古胜园记》	李维桢	19
26	《谐赏园记》	顾大典	19
27	《苦斋记》	刘基	19
28	《皆可园记》	茅坤	19
29	《燕都游览志》	孙国敉	19
30	《王氏拙政园记》	文徵明	18
31	《太仓诸园小记》	王世贞	18
32	《离薋园记》	王世贞	18

明代园记中的植物应用

序号	园记名称	作者	植物数量
33	《南园书屋记》	宋仪望	17
34	《集贤圃记》	陈宗之	17
35	《已有园赋》	鲁铎	16
36	《西佘山居记》	施绍莘	16
37	《月河梵苑记》	程敏政	15
38	《小百万湖记》	吴廷翰	15
39	《白鹤园自记》	冯皋谟	15
40	《逸圃记》	汤宾尹	14
41	《南山隐居记》	祝允明	13
42	《东庄记》	孙承恩	13
43	《古今名园墅编序》	王世贞	13
44	《后乐园记》	杨守陈	13
45	《三洲记》	杨锡亿	13
46	《西塍小隐记》	张宁	12
47	《拙政园赋》	王宠	12
48	《枹罕园记》	苏志皋	12
49	《春浮园记》	萧士玮	12
50	《归有园记》	徐学谟	12
51	《横山草堂记》	江元祚	12
52	《毗山别业记》	李维桢	11
53	《游溧阳彭氏园记》	王世懋	11
54	《瀑园赋》	徐𬭚	11
55	《冶麓园记》	焦竑	10
56	《筼筜谷记》	袁中道	10
57	《荆园记》	汪道昆	10
58	《逍遥园赋》	穆文熙	10
59	《露香园记》	朱察卿	10
60	《结庐孤山记》	冯梦桢	10
61	《何氏园林记》	王行	9
62	《素园记》	李维桢	9
63	《玉版居记》	黄汝亨	9
64	《曲水园记》	汪道昆	9

附录 C

149

序号	园记名称	作者	植物数量
65	《熙园记》	张宝臣	9
66	《蕺山文园记》	屠隆	9
67	《西园记》	周瑛	8
68	《北园记》	宋仪望	8
69	《两垞记略》	许令典	8
70	《灌园室记》	茅坤	8
71	《游勺园记》	孙国敉	8
72	《日涉园记》	陈所蕴	7
73	《金粟园记》	袁中道	7
74	《北园记》	吴国伦	7
75	《暂园记》	吴应其	7
76	《吕介孺翁斗园记》	李若讷	7
77	《乐志园记》	张凤翼	7
78	《锦溪小墅记》	何乔新	6
79	《小昆山读书处记》	王世贞	6
80	《自得园记》	张绍槃	6
81	《余乐园记》	陈文烛	6
82	《偶园记》	康范生	6
83	《绎幕园记》	黄汝亨	6
84	《借园记》	黄汝亨	6
85	《游东亭园小记》	王永积	6
86	《晓园记》	马世俊	6
87	《西湖草堂记》	徐有贞	5
88	《从适园记》	王鏊	5
89	《玉女潭山居记》	文徵明	5
90	《寄畅园记》	王稚登	5
91	《季园记》	汪道昆	5
92	《徐氏园亭图记》	张凤翼	5
93	《眺后园赋》	刘凤	5
94	《游郑氏园记》	方凤	5
95	《偕老园记》	唐汝询	5
96	《亦园记》	谈迁	5
97	《遗善堂名物记》	顾清	4

序号	园记名称	作者	植物数量
98	《许秘书园记》	陈继儒	4
99	《翠影堂记》	徐祯卿	4
100	《兰墅记》	王稚登	4
101	《且园记》	章闇	4
102	《石首城内山园记》	袁中道	4
103	《绎幕园记》	李维桢	4
104	《豫园记》	潘允瑞	4
105	《游狮子林记》	王彝	3
106	《耕学斋图记》	张洪	3
107	《赐游西苑记》	韩雍	3
108	《友清书院记》	韩雍	3
109	《一笑山雪夜归舟记》	张宁	3
110	《息园记》	顾璘	3
111	《求志园记》	王世贞	3
112	《复清容轩记》	王世贞	3
113	《游练川云间松陵诸园记》	王世贞	3
114	《酬字堂记》	徐渭	3
115	《天游园记》	朱长春	3
116	《郭园记》	刘凤	3
117	《自记淳朴园状》	沈祐	3
118	《春明梦余录》	孙承泽	3
119	《城南别业图记》	于慎行	2
120	《挹爽轩记》	孙承恩	2
121	《日涉园记》	王世贞	2
122	《增植苑东树园记》	孔天胤	2
123	《杜园记》	袁中道	2
124	《楮亭记》	袁中道	2
125	《适园记》	吴文奎	2
126	《后知轩记》	李开先	2
127	《两君子亭记》	江盈科	2
128	《静寄轩记》	冯梦桢	2
129	《慈竹轩记》	方孝孺	1
130	《寿萱堂记》	龚敩	1

序号	园记名称	作者	植物数量
131	《竹深亭记》	张羽	1
132	《兰隐亭记》	宋濂	1
133	《梅雪记》	张宁	1
134	《双松书屋记》	何乔新	1
135	《瞻竹堂记》	吴宽	1
136	《且适园记》	王鏊	1
137	《菊隐轩记》	顾清	1
138	《白斋记》	孙承恩	1
139	《西园菊隐记》	周忱	1
140	《竹安园记》	郑二阳	1
141	《任光禄竹溪记》	唐顺之	1
142	《名园咏序》	王思任	1